只要澆「水」，樹幹就會結出晶體！

在彩晶樹的根部澆

彩晶聖誕樹
種植套裝

只須簡...彩晶樹已完全長成！

U0053659

種植提示

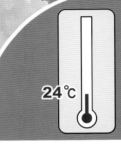

24℃　　50%

　　濕度和溫度會影響結晶形成的速度及形狀，在 24℃ 及相對濕度 50% 的環境種植彩晶樹，效果會較佳！

　　由於結晶跟紙樹幹的連結極脆弱，種植時難免會有些結晶掉下來。因此建議開始種植前選擇一個理想的位置安放，例如在無風且震動最小的地方種植，有助減少結晶剝落。

　　種植前用紙墊着底座，以便實驗完畢後清理。

先在這裏種幾棵彩晶樹吧。

3

為甚麼用這些水可種出結晶？

其實這些水是含化學鹽的飽和溶液，那些化學鹽則是構成結晶的物質！

溶液會「飽」？—— 結晶的成因

如果在一杯水放進食鹽，會發生甚麼事？

1 首先，鹽會溶在水裏，水變成了鹽水。

2 放第二匙鹽時，鹽還是溶在水裏……

3 若不斷加鹽，有些鹽最終無法溶解。

這時，水分已不能溶解更多鹽，就像「吃飽」了一樣，即是鹽水已達至飽和了。

如改用糖、蘇打粉等可溶在水裏的物質，重複以上的實驗，結果也是會達至飽和，即水分不能溶解更多的糖或蘇打粉。

鹽、糖、蘇打粉等可被溶解的物質，統稱為溶質。

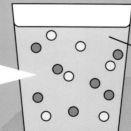

溶解了溶質的液體，則統稱為溶液。

當溶液達至飽和，就是飽和溶液。

當溶液飽和後，就算再加進更多溶質，溶質也只會維持原有狀態，不會溶解。

若再加水，原本溶不了的溶質就會溶解。可見水愈多，能溶解的溶質分量也愈多。

反過來説，如果減少溶液中的水分，可溶解的溶質分量就會變少！

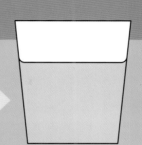

然而，鹽這種溶質不會蒸發，因此就留在溶液內。於是，鹽的分量不變，而負責溶解它的水卻愈來愈少，使溶液最終變成飽和溶液。

雨天過後，濕滑的地面會逐漸變乾。這是因為水吸收了熱能後蒸發變成水氣，繼而飄走所致。

溶液中的水分同樣會吸收熱能，並且蒸發及飄走，於是溶液含有的水分因此會愈來愈少。

那如果飽和溶液內的水繼續蒸發，會發生甚麼事？

這樣就會發生結晶作用，多出來的鹽分變成了結晶！

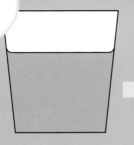

結晶

彩晶樹的結晶也是這樣形成。結晶溶液被紙樹幹吸收後，其水分快速蒸發，於是餘下的化學鹽結晶就會在樹梢上長出來。

咦？溶液沒有滲進泥土裏！

那不是泥土，而是防水彩沙！

穿上「保護膜」的沙

防水彩沙通常是以一種特殊氣體噴在普通沙粒上，使其表面產生一層防水薄膜而成。把這種沙完全浸在水中，薄膜阻隔了水分，沙粒就不會浸濕。

◀觀察水滴的表面張力。

▶ 把防水彩沙丟進水中，可塑造成奇怪的形狀！

▶可用防水彩沙嘗試不同的小實驗，做完後只須把沙抹乾，就可儲存起來，待下次再用。

就是靠這些防水沙，結晶溶液才可集中在沙面，讓紙樹幹慢慢吸收！

吸水原理

若仔細觀察盛水容器的水面，會發現水面邊緣依附着內壁向上彎曲，這是毛細作用所致。

同樣，水分子會被紙樹幹內的木纖維分子吸引，沿着木纖維之間的大量空隙往上拉。

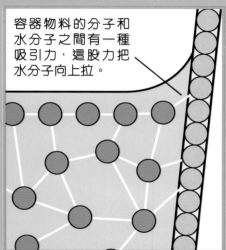

容器物料的分子和水分子之間有一種吸引力，這股力把水分子向上拉。

此外，水分子之間本身也有吸引力，於是一顆水分子拉動另一顆水分子，形成一個曲面。

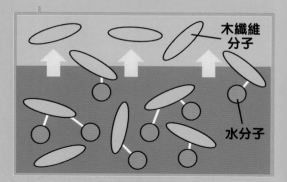

木纖維分子

水分子

結晶成長記錄

結晶溶液被吸到樹梢，蒸發後就形成美麗的結晶了！

完成觀察記錄後，我們就可巡視其他地方。

▼一般最少需要十分鐘，溶液才會慢慢到達樹頂。這是因為水爬得愈高，就代表紙樹幹吸了愈多水，而水的重量會使毛細作用變慢*。

* 有關毛細作用的限制，可參閱《兒童的科學》第179期「科學實驗室」。

▼結晶本身是白色的，形成時因沾上樹梢表面的水溶性顏料，便會染色。

▼有些位置的結晶會先形成，這可能是因為那邊的顏料較易溶於水，溶液很快就能滲透，沾濕樹梢並蒸發，使結晶較快出現。

1

2

3

若顏料較難溶解，溶液就要花較多時間滲透及沾濕樹梢，於是結晶會較晚出現。

▶不過，只要紙樹幹吸了的溶液未完全蒸發，結晶作用仍會繼續。

6

5

4

▲彩晶樹生長時，部分結晶或會因過重而剝落。

◀待所有結晶溶液都蒸發了，彩晶樹就完全長成！

還有很多不同形狀的結晶，之後就會看到了！

我還以為結晶是一顆顆的，原來也有毛茸茸的結晶呢。

漫遊古怪結晶樹林！

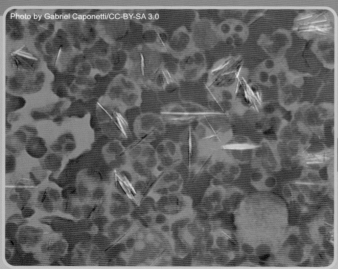

哇！這也是結晶？

對，這是尿酸結晶樹……

肉類或果糖等食物經人體消化後會產生尿酸。如果吃得太多，身體又無法將大量尿酸排走，尿酸就會發生結晶作用，產生針狀的結晶，可導致痛風或腎石等疾病。

除了之前提及過的鹽、糖，其實金屬也會形成結晶！

為甚麼有條樓梯在這裏呢？

這不是樓梯，而是金屬結晶樹啊！

▶ 這是用鉍製造出來的結晶，表面彩虹般的顏色由氧化物薄膜反射光線引致。

這邊也有各種結晶啊！

▲ 沙混集了零碎的石英，而石英就是二氧化矽的結晶。

▲ 在不同溫度及壓力下，水分子排列的方法也不同，令冰塊最少可分為 18 種。不過，在大自然找到的冰幾乎是同一種，其他種類都是科學家在實驗室製造出來的。

◀ 水凝結成冰塊時，水分子的排列方式通常都很工整，可視為水的結晶！

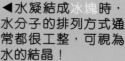

◀◀ 價值連成的鑽石和便宜的鉛筆芯，其實都是由碳組成的結晶。

結晶的真正意思

結晶未必像寶石般晶瑩剔透，只要構成某種物質的粒子排列有規律，那就算是結晶了！

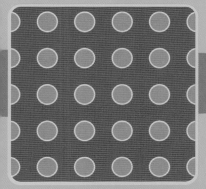 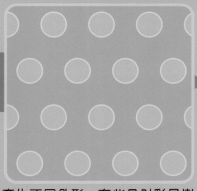 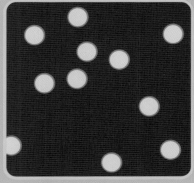

▲規律有很多種，每種都會令結晶產生不同外形。有些是似彩晶樹的針狀，有些是柱狀，也有方塊狀。

▲但如果粒子的分佈亂糟糟，那就不算是結晶。

結晶重生大法

彩晶樹的結晶還可以這樣回收呢！

1 先墊2至3張紙，然後抽出紙樹幹及刮掉結晶，並盡量從沙中撿走結晶碎。

2 盡量分開各顏色的結晶，然後一滴一滴地加水溶解。結晶全溶後停止加水。

3 用咖啡濾紙隔走溶液中的彩沙及塵埃。

4 讓剩下的溶液蒸發。

結晶重新長出來！

任務完成！

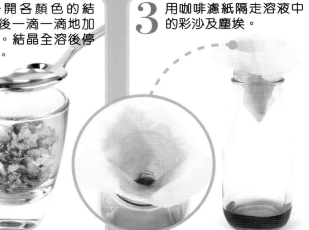

咕咕咕咕。我也很喜歡自己頸上的圖案呢！

嗨，珠頸斑鳩，你的叫聲非常獨特，頸上的珍珠印記美麗又顯眼，令我印象非常深刻。

咕一咕一
咕一咕一

珠頸斑鳩

©海豚哥哥Thomas Tue

　　珠頸斑鳩（Eastern Spotted Dove，學名：*Spilopelia chinensis*）喜歡發出低沉的「咕一咕一咕一咕一」叫聲。牠們廣泛分佈於亞洲南部和澳洲等地，在森林、濕地、市內公園和城市環境生活，常在地面覓食，喜歡吃植物的種子、果實和昆蟲等。

　　珠頸斑鳩是一夫一妻制，一年繁殖一次，通常在5月至7月繁殖，每次生2隻蛋，約需兩星期孵出。其壽命估計可達4歲，數量眾多且仍在上升。

©海豚哥哥Thomas Tue

◀身長約30厘米，體重可達180克。頭部呈灰色，眼睛呈橙色，有黑色的喙、粉紅色的腳。翼上和尾部呈灰褐色，身上有深和淺褐色的羽毛。

©海豚哥哥Thomas Tue

▲頸後和兩側的黑色羽毛上帶有白色斑點。

各位讀者，看看誰眼明手快，能分辨出珠頸斑鳩和拍攝到牠們的照片，請上載到海豚哥哥Facebook給我看吧！

◀珠頸斑鳩在香港到處可見，而且牠們會吃人類棄置的食物，故此要小心處理垃圾，以免讓鳥兒吃下膠袋或廢物。

©海豚哥哥Thomas Tue

收看精彩片段，請訂閱Youtube頻道：「海豚哥哥」
https://bit.ly/3eOOGlb

海豚哥哥簡介　　f 海豚哥哥 Thomas Tue

　　自小喜愛大自然，於加拿大成長，曾穿越洛磯山脈深入岩洞和北極探險。從事環保教育超過19年，現任環保生態協會總幹事，致力保護中華白海豚，以提高自然保育意識為己任。

聖誕在即。一天，愛因獅子靈機一動，製作一個可無限翻轉的四面體環，及後居兔夫人稍加改造，四面體環竟變成了聖誕花環！

科學DIY

數學 π

製作難度：
★★☆☆☆

製作時間：
約 20 分鐘

Merry Christmas

掛在樹上真漂亮！

我還沒轉夠呀！

無限翻轉的 四面體環

四面體環製作方法

材料：紙樣　　工具：剪刀、白膠漿

1 沿正面實線剪下兩張紙樣，如圖用白膠漿黏合成一條。

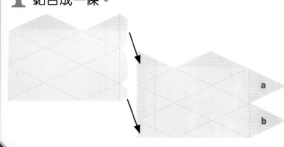

2 待白膠漿乾後，沿所有虛線摺出摺線。

3 攤開紙樣，上方菱形沿摺線向內摺，黏合處亦沿摺線向內摺。

菱形

黏合處

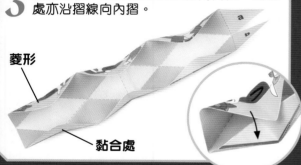

4 用白膠漿黏合上下兩部分。

5 按照步驟 3、4 的方法，黏合圖中的①和②部分。

①　　　②

6 待白膠漿乾後，將黏好的四面體彎成環狀。

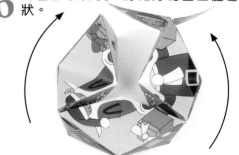

7 將 A 面和 a 面黏合，B 面和 b 面黏合。

白膠漿未乾時，可輕捏黏合處定型。

完成！

四面體環玩法

將中間的三個角向下轉至圖案拼合。

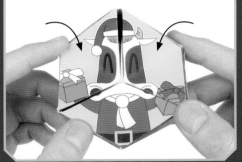

繼續向下轉三個角，翻出新圖案！

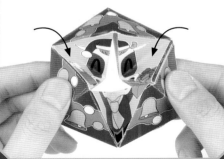

之後還可製成聖誕掛飾呢！

聖誕掛飾

材料：金色絨毛線

裁出 1 條長 30 厘米的絨毛線，穿過四面體環的中心，上方繞圈繫住。

大功告成！

加大版花環

材料：2 份紙樣（可複印紙樣）
工具：白膠漿

製作兩條四面體環後，如圖首尾相連黏合成一條。

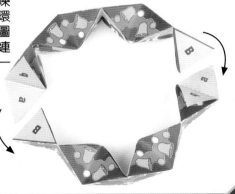

大環完成！

四面體知多少

頂點

面

四面體

棱（即是邊）

因為環由多個四面體組成，所以可翻出四種圖案！

- 由四個面組成，是面數最少的多面體。
- 有六條棱、四個頂點。
- 每個面都是三角形。
- 若四個面都是等邊三角形，四面體為正四面體。

甚麼是四面體環？

這種可以不斷翻轉的環叫四面體旋轉環（kaleidocycle），最早由安德魯斯(J.M.Andrews)和史托克(R.M.Stalker)發現。環最少由6個四面體組成，其每個面都是等腰三角形。若是等邊三角形，則不易扭轉。

不過，只要環體的四面體數目多於6個，且是偶數（如8、10、12等），那麼即使是等邊三角形，也可以扭轉。

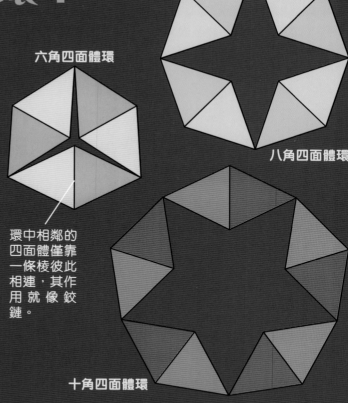

六角四面體環

八角四面體環

十角四面體環

環中相鄰的四面體僅靠一條棱彼此相連，其作用就像鉸鏈。

門與牆相連的鉸鏈

多面體小知識

多面體歐拉公式

瑞士數學家歐拉（Leonhard Euler）發現，任何凸多面體，其面（Face）和頂點（Vertex）的數目合起來，比棱（Edge）的數目多2個，遂導出公式 F+V-E=2。

多面體		F	V	E	F+V-E
	四面體	4	4	6	2
	五面體	5	6	9	2
	六面體	6	8	12	2

原來所有多面體都有規律可循！

有限的正多面體 —— 柏拉圖立體

由正多邊形構成、各個頂角大小相等、各條棱長度相等的凸多面體都是正多面體，又稱「柏拉圖立體」，只有5種，分別為：

正四面體

正六面體

正八面體

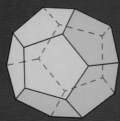

正十二面體

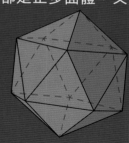

正二十面體

紙樣

沿實線剪下　黏合處　沿虛線向內摺　沿虛線向外摺

15

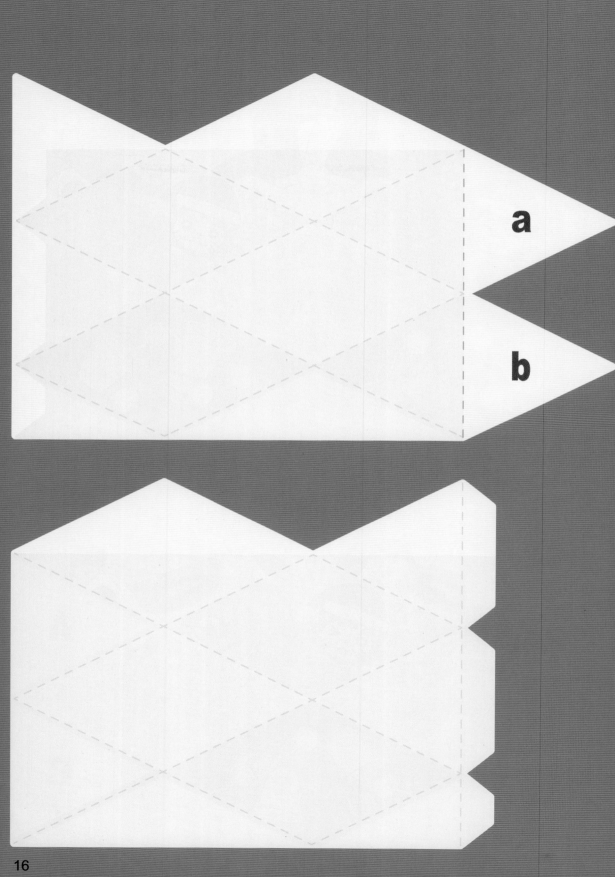

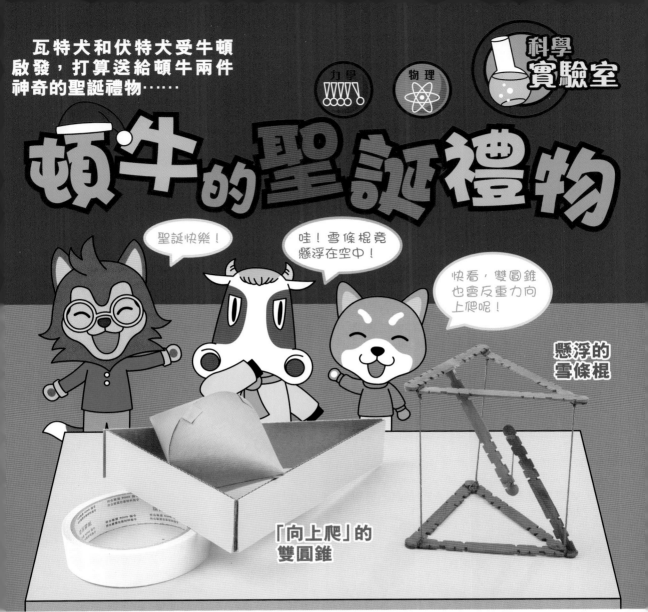

瓦特犬和伏特犬受牛頓啟發,打算送給頓牛兩件神奇的聖誕禮物……

頓牛的聖誕禮物

聖誕快樂!

哇!雪條棍竟懸浮在空中!

快看,雙圓錐也會反重力向上爬呢!

懸浮的雪條棍

「向上爬」的雙圓錐

懸浮的雪條棍

所需用具:鋸齒雪條棍 ×8、棉繩 ×4（粗細均可）、白膠漿、剪刀

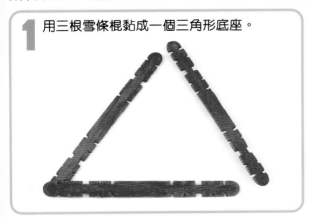

1 用三根雪條棍黏成一個三角形底座。

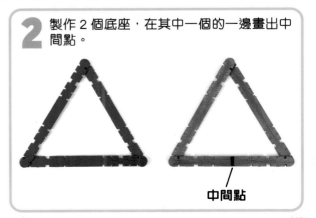

2 製作 2 個底座,在其中一個的一邊畫出中間點。

中間點

3 如圖切割其餘兩根雪條棍，製作支架。

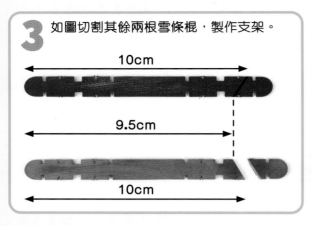

10cm

9.5cm

10cm

4 如圖將一根支架黏在底座 A 標記的中間點，另一根黏在底座 B 的一角。

白膠漿凝固約需 1 至 2 小時左右。

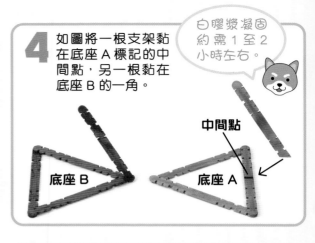

中間點

底座 B 底座 A

5 準備 4 條 30cm 長的棉繩。

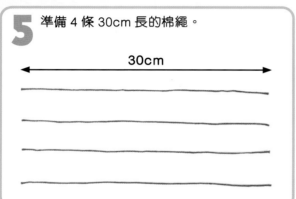

30cm

6 待支架黏牢固後＊，如圖用棉繩繫住兩底座的角，使二者間距為 10cm。

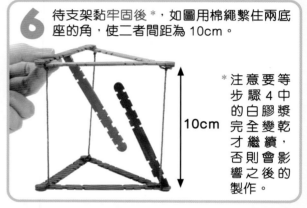

10cm

＊注意要等步驟 4 中的白膠漿完全變乾才繼續，否則會影響之後的製作。

7 如圖放置底座，在支架 A 的底端凹槽繫一根棉繩。

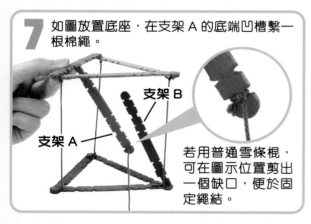

支架 B

支架 A

若用普通雪條棍，可在圖示位置剪出一個缺口，便於固定繩結。

8 固定住下方底座，同時稍用力向上拉棉繩，直到兩個底座間的棉繩全部繃緊。

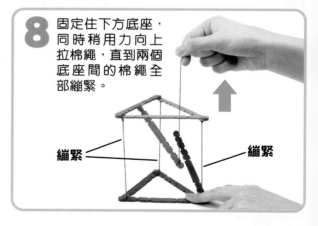

繃緊 繃緊

9

支架 B

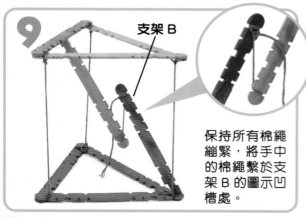

保持所有棉繩繃緊，將手中的棉繩繫於支架 B 的圖示凹槽處。

10

完成！

還能支撐四面體環！

棉繩可以支撐雪條棍？

　　兩個底座僅靠柔軟的棉繩連接，就能使一部分「懸浮」，其原因在於靜力平衡。當物體受到多個力影響時，若這些力可相互抵消，該物體就能保持平衡。

我們在製作時，就令雪條棍整體達至靜力平衡。

平衡的關鍵在於中間這條棉繩！

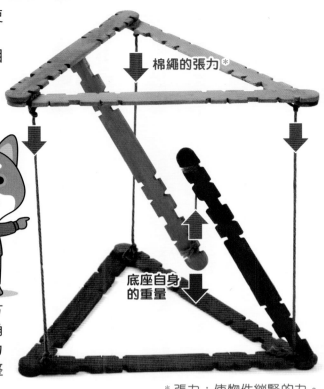

棉繩的張力※

底座自身的重量

　　步驟 8 中，我們向上拉緊棉繩，為上方底座施加了向上的力。此力使繫於三個角及支架的棉繩產生向下的張力，最後張力及支架自身重力互相抵消，從而雪條棍整體達到靜力平衡。

※ 張力：使物件繃緊的力。

張拉整體（Tensegrity）

　　這種包含繩索和桿、兼具張力與拉力，且整體穩定的物件，叫張拉整體，這個詞語由美國建築師、哲學家及發明家巴克敏斯特·富勒（Buckminster Fuller）於 20 世紀 60 年代創造。吊橋與斜張橋是生活中常見的張拉整體。

Photo by Henk Monster/CC BY-SA 3.0

Photo by Margaret Donald /CC BY 2.0

左圖為獲得 2011 年世界建築節「年度世界交通建築」的庫利爾帕橋。

　　繩索間的張力看似互相對抗，實則幫助物體保持穩定，就像建築物的支柱。利用這種力，建築師可用更少的材料建造堅固的結構，這樣不僅能更靈活自由地設計建築外觀，也能節省建築成本。

「向上爬」的雙圓錐

用具：A4紙、筆、硬卡紙、白膠漿、膠紙、剪刀、量角器

1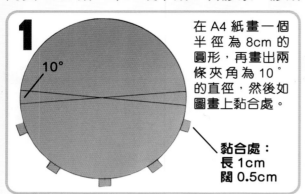

在A4紙畫一個半徑為8cm的圓形，再畫出兩條夾角為10°的直徑，然後如圖畫上黏合處。

黏合處：
長1cm
闊0.5cm

2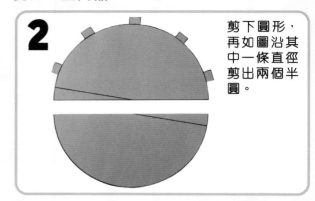

剪下圓形，再如圖沿其中一條直徑剪出兩個半圓。

3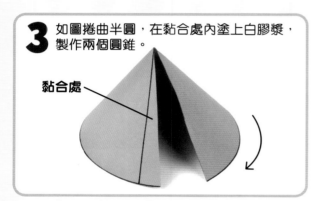

如圖捲曲半圓，在黏合處內塗上白膠漿，製作兩個圓錐。

黏合處

4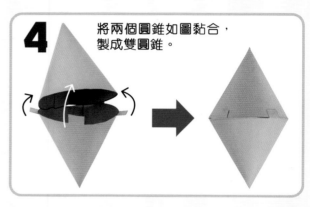

將兩個圓錐如圖黏合，製成雙圓錐。

5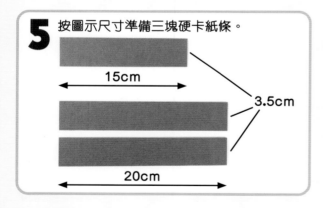

按圖示尺寸準備三塊硬卡紙條。

15cm

3.5cm

20cm

6

將三條硬卡紙用膠紙黏成一個等腰三角形軌道。

頂角

短邊

將軌道短邊抬高2cm，把雙圓錐放於軌道頂角，它就會自動滾向高處！

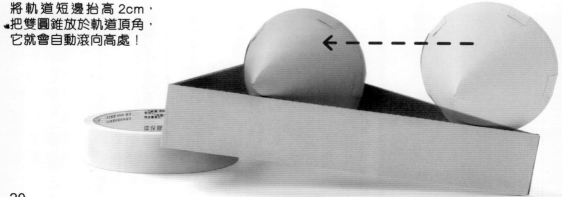

究竟孰高孰低？

雙圓錐真的違反重力滾向了高處嗎？當然不是！其實，我們看到雙圓錐「向上爬」，只是利用軌道與雙圓錐的獨特形狀所造成的錯覺。

我們換一個角度觀察雙圓錐所處位置的高低吧。

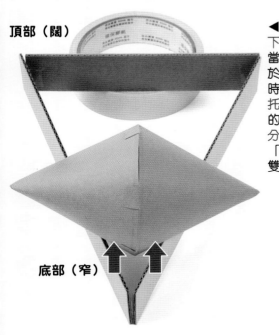

頂部（闊）

底部（窄）

◀由於軌道下窄上闊，當雙圓錐位於軌道底部時，軌道承托着雙圓錐的中間部分，實際上「抬高」了雙圓錐。

▶雙圓錐滾至軌道頂部時，變闊的軌道承托的是雙圓錐的兩端，故其所處的高度實際下降了。

頂部（闊）

底部（窄）

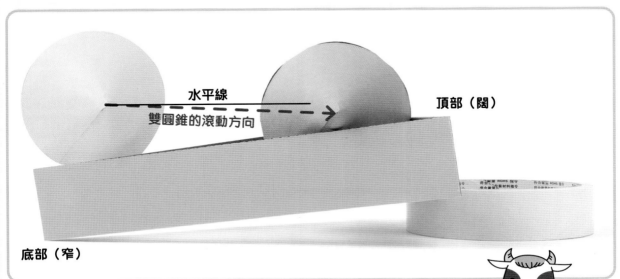

水平線

雙圓錐的滾動方向

頂部（闊）

底部（窄）

從上圖可知，雙圓錐在軌道底部時才處於最高位，滾至軌道頂部才到達最低處。所謂從底部「爬向」頂部，其實是由高處滾向低處罷了！

雙圓錐看似反重力，實則仍遵循牛頓的萬有引力原理啊！

膠紙「面面」觀

真神奇，撕下後照片完好無損！

愛因獅子用神奇的可再貼隱形膠紙在相片上玩起「變臉遊戲」。

膠紙的黏合原理

膠紙能黏合物體，既有其機械原理，也蘊含物理原理。

機械原理

黏着劑滲入凹凸不平的部分，黏住紙張。

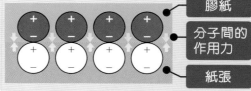

- 膠紙上層
- 膠紙黏着劑
- 紙張放大後凹凸不平的表面

物理原理

物質分子中都具有一種稱為范德華引力的作用力，此力使分子互相吸引。由於黏着劑的分子具有較強的范德華力，於是膠紙與紙張就能貼在一起。

- 膠紙
- 分子間的作用力
- 紙張

不同膠紙的構造

可再貼隱形膠紙

黏力較小，可反復黏貼且不易損壞紙張。其磨砂表面可書寫，貼後隱形不留痕。

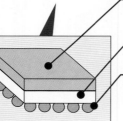

- 啞光表面：經特殊處理呈磨砂質感
- 基材：透明度高
- 微球型黏着劑：原理與便條紙*類似

*詳見第186期「生活放大鏡」。

神奇隱形膠紙

膠紙疊加時呈乳白色，貼在紙上則變成透明。可在磨砂表面以油性筆、水筆、鉛筆等書寫。

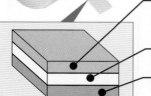

- 啞光表面：經特殊處理呈磨砂質感
- 基材：透明度高
- 黏着劑：均勻平整佈滿基材

雙面膠紙

雙面黏貼，毋須撕底紙，輕鬆拉出就可使用。

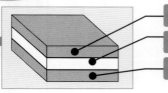

- 黏着劑
- 基材
- 黏着劑

Scotch Removable Tape
811 1 ROLL
3/4 IN x 1296 IN (36 YD)
19 mm x 32.9 m

Scotch Magic Tape 思高 神奇隱形膠紙
Invisible
1 Roll
12.7 mm x 1296 in
1/2 in x 1296 in (36 yds)
810

Scotch Permanent Double Sided Tape
1 ROLL
1/2 IN x 900 IN (25 YD)
12.7 mm × 22.8 m

Scotch Transparent Tape
600 1 ROLL
1/2 IN x 1296 IN (36 YD)
12.7 mm x 32.9 m

3M香港有限公司
香港九龍灣宏泰道23號Manhattan Place 38樓
電話：2806 6111　　網址：www.scotch.com.hk

Scotch®

Magic™ Tape

思高®牌膠紙及膠紙座系列

Scotch® 馬卡龍
造型膠紙座

5款顏色膠紙座＋神奇隱形膠紙

安全刀片
方便撕取 ＋ 表面可
書寫

Invisible

810	810D	600	665	136	811	183
神奇隱形膠紙		透明膠紙	雙面膠紙		可再貼隱形膠紙	

	810MD	C-40	C-39	C19
馬卡龍造型隱形膠紙座		膠紙座		夾式旋轉膠紙座

銷售點：各大文儀用品、書局、精品店、HKTVmall及Home Delight

3M

福爾摩斯 精於觀察分析,曾習拳術,是倫敦最著名的私家偵探。

華生 曾是軍醫,樂於助人,是福爾摩斯查案的最佳拍檔。

大偵探
福爾摩斯
SHERLOCK HOLMES
科學鬥智短篇47
沙漠之舟(2)

厲河=改編 鄭江輝=繪
奧斯汀·弗里曼=原著 陳沃龍=着色

上回提要:

　　貝菲德老太太來訪,指兒子弗蘭克曾因打劫入獄,但出獄後已改過自新,今早卻突然被警方通緝,故要求福爾摩斯為兒子洗脫殺人的嫌疑。無獨有偶,李大猩和狐格森為了檢驗一件襯衫上的血跡,亦到訪求助。大偵探趁機查問弗蘭克殺人案的進展,得悉兩人已在兇案現場的玻璃窗上發現5隻手指的指紋,而它們竟與弗蘭克過往犯罪檔案上的指紋一模一樣。為了查明真相,大偵探要求兩人把指紋玻璃和犯罪檔案帶來讓他檢視。同時,也要求貝菲德太太帶兒子弗蘭克來對證。翌晨,兩母子果然依約來到,福爾摩斯要弗蘭克在紙上印下指紋,在檢視完畢後⋯⋯

　　他抬起頭來,向弗蘭克說:「抹乾淨你的手指給我看一看。」

　　弗蘭克雖然不明所以,但也按吩咐抹乾淨手指,然後伸了過去。福爾摩斯用放大鏡在他的手指頭上看來看去,最後,他指着弗蘭克的食指問:「這裏有一個疤痕,你受過傷?」

　　「啊,這是半年前工作時割傷的,幸好只是縫了幾針,沒有傷及骨頭。」弗蘭克答道。

　　「很好、很好。」福爾摩斯滿足地點點頭。

　　就在這時,門外響起了一陣上樓梯的腳步聲。華生赫然一驚:「糟糕,一定是李大猩和狐格森早到了!」

　　「李大猩和狐格森?他們是甚麼人?」弗蘭克緊張地問。

　　「他們是蘇格蘭場的人。」福爾摩斯說。

　　「甚麼?」弗蘭克和老太太都大驚失色。

「何須擔心？你沒說謊的話，他們只是來證明你的**無辜**。」福爾摩斯一頓，眼底閃過一下寒光，「當然，如果你說的是謊話，他們就是來抓你！」

「**咚咚咚咚！**」門外響起了敲門聲。

「我沒說謊！我確實是無辜的！」弗蘭克壓低嗓子，急切地說。

「那麼，你和你媽先到我的臥室躲避一下。證明你無辜後，我就會叫你們出來。」

華生馬上領着兩人走進了臥室，安頓好後，福爾摩斯才**不慌不忙**地走去開門。

「有結果了嗎？」李大猩一進門，劈頭就問。

「你們自己看看。」福爾摩斯指了一下顯微鏡。

李大猩和狐格森**爭先恐後**地窺視了一下顯微鏡，異口同聲地問：「我們看不懂啊！是血吧？知道是甚麼血嗎？」

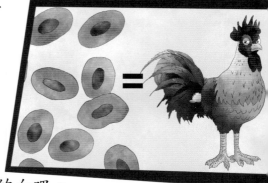

「你們看到的**紅血球**是橢圓形的，又有**細胞核**，應該是鳥類的血，不肯定是山雞還是家雞的。但在城市裏不易碰到山雞，看來是**家雞**的血吧。」

聞言，孖寶幹探瞪大了眼睛，愣愣地對視了幾秒鐘。然後，猛地轉過頭來，豎起拇指同聲讚歎：「**哇！** 好神奇啊！全給你說對了！」

「甚麼意思？」華生訝異。

「哇哈哈！」狐格森興奮地叫道，「被捕的疑犯說路過街市時，雞販剛好正在殺雞，令他的衣袖沾了點**雞血**。所以，你們的驗證表明他沒說謊！」

「更重要的是，那個疑犯是我們局裏的人，如果衣袖沾了的是**人血**的話，他就會被控謀殺。」李大猩也開心地說，「是雞血的話，就

可以撤控放人啦！」

「原來如此，怪不得你們這麼開心啦。」華生笑道。

「我的任務完成了，到你們**交功課**了吧？」福爾摩斯攤開手板說。

「是的、是的。」狐格森連忙從手提包中，取出一塊鑲在木框內的**玻璃**和一份**檔案**放到桌上。

「這是從兇案現場的玻璃窗上割下來的，上面印着**5隻手指頭的指紋**。」狐格森指着玻璃說。

HOLLOWAY PRISON	
Name: Frank Belfield	Finger Print Classification
Sex: M	
Age: 25	Classified by Joseph Woodthorpe / Date: May 2
RIGHT HAND	

forefinger　middle finger　ring finger　little finger

thumb

李大猩則拿起檔案，翻開其中一頁說：「這是疑犯弗蘭克‧貝菲德入獄時的**檔案**，這頁記錄了他的指紋。你對照一下，就知道證據確鑿了。」

福爾摩斯接過檔案，用放大鏡檢視上面的指紋，又從放大鏡的手柄中抽出短尺，**小心翼翼**地量度。

華生也不甘寂寞，他彎下腰來，仔細地看那塊玻璃。

不一刻，福爾摩斯已看完檔案。接着，他叫華生讓開，並把一張白紙放到玻璃下面，再用放大鏡**全神貫注**地檢視。

「怎樣？一模一樣吧？」李大猩得意揚揚地說，「所以說嘛，這案子**證據確鑿**，沒有甚麼好查的啦。」

「是啊，再查也只是浪費時間。」狐格森附和。

福爾摩斯**一言不發**，只是默默地盯着木框內的玻璃，接着又用短尺在指紋之間仔細地量了一下。

華生不明所以，只好拿起桌上的檔案，看了看印在上面的指紋記錄。不看還好，一看之下不禁大吃一驚，因為正如李大猩所說，玻璃上的指紋確實與檔案上的**一模一樣**！

他正想說出自己的看法時，卻瞥見福爾摩斯的嘴角浮現出一絲**耐人尋味**的微笑。

「唔？難道他發現了甚麼？」華生心

想，「這傢伙每次出現那種微笑時，都表明他發現了重要線索！」

不一刻，福爾摩斯檢視完畢，他隨即向孖寶幹探說：「這塊玻璃上的指紋充滿了疑點呀，你們看不見嗎？」

「甚麼？充滿了**疑點**？甚麼疑點？」狐格森詫異地反問。

「**第一，玻璃太乾淨了**，就像故意抹乾淨以便把指紋印上去似的。」

「哎呀，玻璃窗乾淨又何怪之有？」李大猩反駁，「死者家中有個女傭，要知道，**抹窗**是她的日常工作，乾淨是很正常的呀。」

「那麼，**第二點**呢？」福爾摩斯說，「除了拇指的指紋有明顯不同之外，其餘**4個指紋之間的間隔**，竟然與檔案上的完全相同，就像複印上去似的，不可疑嗎？」

「這個嘛——」

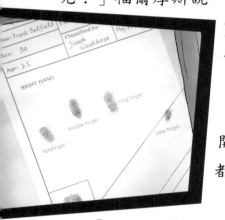

狐格森未待李大猩說完，就搶道：「一個人張開手時，除非刻意張大一點，否則**張開的幅度**都**大同小異**。這個也並不稀奇啊。」

「但總不會分毫不差吧？」華生插嘴說。

「哎呀，華生，你不能像福爾摩斯那樣，只強調相同的，卻故意忽略不同的啊！」李大猩指着玻璃上的**拇指指紋**說，「你看，這指紋比檔案上的小好多呀！又如何解釋？」

「嘿嘿嘿，這正是我想指出的**第三個疑點**呢。」福爾摩斯狡點地一笑，「犯人入獄打指模時，必須把拇指在印台上**左右轉動**，然後再轉動拇指把指紋印在檔案上，所以印下的指紋會很大。但在一般情況下，當手按在玻璃窗上時，絕不會刻意地轉動拇指。所以，印在玻璃窗上的指紋，只會是**拇指的一部分**。」

「這個還用你說嗎？我們都知道呀。」狐格森說。

檔案上的拇指指紋

玻璃窗上的拇指指紋

「嘿嘿嘿，我還未說完呢。」福爾摩斯續道，「所以，如果有人想**複製指紋**嫁禍給弗蘭克，為免引起懷疑，只能從檔案中選取拇指指紋的其中一部分來複製。不過，他在選取時卻犯了一個小錯誤，竟複製了拇指指紋**正中橢圓形的部分**，露出了馬腳。」

「正中橢圓形的部分有何問題？」狐格森摸着腮子思索，想來想去也想不出**箇中奧妙**。李大猩拚命地搔頭，也想不出一個所以然來。

「很簡單啊，只要把手按在門板上試試，就會馬上明白了。」

「是嗎？」李大猩轉過身去走到門前，把右手按在門板上。

「**啊！**」他不禁發出了驚叫。

「怎麼了？」狐格森問。

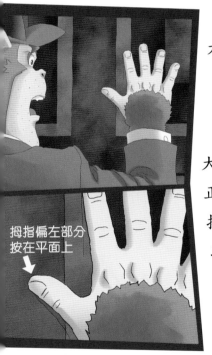

拇指偏左部分按在平面上

「傻瓜！這麼簡單的事情也不明白嗎？」李大猩已忘了自己剛才的愚蠢，開口罵道，「在正常的情況下，把右手按在垂直的平面上時，接觸到平面的，只是**拇指偏左的部分**。所以，**正中橢圓形的部分**是不會完整地印到平面上的！」

「沒錯。當我們張開手掌時，食指、中指、無名指和尾指都可以正面地伸直，但拇指是**無法向正面伸直**的。」福爾摩斯說，「由此推斷，玻璃上的指紋並不是弗蘭克自己按上去，而是有人複製了檔案上的指紋印上去的。」

李大猩想了想，反駁道：「分開來印就可以呀！犯人先用4隻手指按

無法向正面伸直

在玻璃窗上，然後不知甚麼緣故，再用拇指按在玻璃上！」

「這個是否太不自然了？」華生質疑。

「不自然不等於不可能啊！」李大猩**堅持己見**。

「那麼，這個又如何？」福爾摩斯拿出印着弗蘭克指紋的**白紙**，遞了過去。

「這是甚麼？」李大猩接過白紙問。

「這是弗蘭克**最新的指紋**，今早才印下的。」

「甚麼？」孖寶幹探不約而同地大吃一驚，「你怎樣取得的？」

「這個容後再說，你們先仔細看看食指的指紋吧。」福爾摩斯說，「看到嗎？上面有一條斜向的幼線呢。那是半年前割傷食指留下的**疤痕**。可是，兩天前印在玻璃上的指紋卻沒有這條線，不是有點奇怪嗎？」

「啊！難怪他剛才偷偷地微笑了，原來手上有這張**皇牌**！」華生心想，「這證明——窗上的指紋是假的！可是，那個企圖嫁禍弗蘭克的人，又怎樣把指紋複製到玻璃窗上呢？」

華生正想提出這個疑問時，李大猩已率先開口問了。

「複製到玻璃上？但指紋能**複製**的嗎？」

「嘿嘿嘿，方法雖然比較麻煩，但精於照相術的話，並不太難。」福爾摩斯說，「就像把底片曬在銅版上那樣，只要用照相機拍下檔案上的指紋，再把底片上的指紋曬在**鉻明膠板**上，然後塗上一層薄薄的**油脂**，再印到玻璃窗上，就大功告成了。」

「聽來好像有點道理呢。」李大猩**裝模作樣**地點點頭，但突然拋出一個殺着，「不過除了指紋之外，我們還有一樣更重要的證據，

足以釘死弗蘭克！」

「**對！足以釘死他！**」狐格森也附和。

「啊？那是甚麼？」福爾摩斯問。

「喂，你還沒說啊。紙上的指紋是從哪兒得來的？」李大猩斜眼望向大偵探，「你該知道他人在哪兒吧？」

「指紋是一位**中間人**給我的，我並不知道弗蘭克在哪兒。」福爾摩斯**裝傻扮懵**。

「哼！怎可能？」李大猩並不相信，「你不說的話，我也不能說掌握了甚麼證據。」

福爾摩斯想了想，建議道：「這樣吧。你把那證據給我看，如果真的足以釘死他，我就抓他去警局自首吧！」

「真的？」李大猩大喜，「**一言為定！** 明早10點我們要到兇案現場辦點事，你到那裏找我們，到時把證據帶給你看。」說完，李大猩別有意味地向狐格森遞了個**眼色**，然後下樓去了。

待兩人的腳步聲走遠了，華生才擔心地問：「不怕嗎？要是他們的證據可信，你就得交人啊！」

「別擔心。」福爾摩斯**信心十足**地說，「既然玻璃窗上的指紋是**偽造**的，他們手上的所謂證據也肯定是假的。假的東西不會變成真，總有辦法拆穿西洋鏡的。不過，現在不宜向那兩母子透露詳情，免得他們擔心。」

「是的。」華生點點頭，然後走去把貝菲德母子帶回客廳來。

「怎麼了？已證明我是**無辜**的嗎？」弗蘭克焦急地問。

「很幸運，已初步證明你是無辜的。」福爾摩斯**避重就輕**地說，「不過，警方手上還有其他證據指控你，所以你暫時仍是**戴罪之身**。」

「啊！」弗蘭克非常失望。

「那怎麼辦？」貝菲德老太太問。

「放心吧。我明早會去看看那些證據，真相很快就會**水落石出**。」

「對。」華生也安撫道，「我們一定會證明弗蘭克是無罪的。」

福爾摩斯想了想，向弗蘭克說：「你先找家旅館**暫避風頭**。記住，千萬別回家，也不要到處跑。我有消息就會通知你媽媽。」

「我明白。其實這兩天我已沒有回家，警察不會這麼快找到我。」弗蘭克謝過福爾摩斯兩人後，就與母親一起離開了。

翌日，當福爾摩斯和華生正想出門去兇案現場時，貝菲德太太卻滿面驚惶地找上門來，哭喪似的說：「**不好了！不好了！弗蘭克被警察抓了！**」

「甚麼？怎會這樣的？」福爾摩斯大吃一驚。

「今早我拿了一些衣物去旅館給弗蘭克替換，沒想到……」老太太哭訴，「沒想到……一踏進旅館的房間，幾個警察就跟着我**一擁而入**，把弗蘭克拘捕了。看來，他們一直**跟蹤**着我……我實在太沒用了。」

福爾摩斯和華生**面面相覷**，不知道說甚麼才好。

「還有……一個大個子探員還說：『福爾摩斯太天真了，以為我們不會**先發制人**。』他說話時的口氣，就像要你出醜似的。」

「一定是李大猩！」華生氣憤地說，「他應該給你看完證據，證明證據的真確才抓人呀！」

「稍安毋躁。拘捕通緝犯是他的**職責所在**，怪他也沒用。」福爾摩斯冷靜地說，「只要能證明那些證據是**假**的，他們想不放人也不行。」

「可是……現在怎辦才好？」老太太擔心地問。

「你先回家，有消息馬上通知你。」福爾摩斯安慰道，「令郎不會有事的。」

送走了老太太後，福爾摩斯和華生馬上趕去兇案現場。當兩人抵達時，李大猩和狐格森已站在門口，**笑盈盈**地恭候他們的到來了。

「你們終於來了，遲了30分鐘呢。」狐格森笑嘻嘻地說。

「對，難道途中有甚麼阻礙？」李大猩也咧嘴笑道，「本來不想等你們，但又怕你們撲個空呢。」

「**知道啦！知道啦！**」華生生氣地說，「你們已抓了弗蘭克吧？我們已知道了！」

「嘿嘿嘿，你們的消息真靈通呢。」李大猩笑盈盈地說，「一定是那位老太太跑去告訴你們吧？全靠她，我們才抓到那傢伙呢。」

「是啊。」狐格森不忘**幸災樂禍**，「兒子犯了罪，還要協助他逃避警方追捕，真的是**慈母多敗兒**呢。」

「算了，你們**棋高一着**，我也沒話好說。」福爾摩斯擺擺手說，「約好了的證據呢？帶來了嗎？」

「為了讓你死心，當然帶來了啦。」李大猩笑道，「都放在案發現場的**書房**內，進去看看吧。」

說着，孖幹寶探打開大門，領着福爾摩斯和華生，穿過一條走廊，去到一間不大不小的書房。房中，有一排**玻璃窗**，其中一扇窗的玻璃被四四方方地鋸穿了一個**洞**，不用說，昨天看到的那塊玻璃，就是從那兒鋸下來的。此外，華生也注意到，那扇窗的**窗閂**有被撬開過的痕跡。

「在給你們看證據之前，讓我先說一說案發的經過吧。」李大猩「**咳咳咳**」地咳了幾聲，**煞有介事**地清了一下喉嚨才說，「你們也知道，死者坎伯韋爾是個專收買賊贓的傢伙，事發當晚，與他同住的女傭去了女兒家過夜，早上回來，看到坎伯韋爾已倒於血泊中死了。法醫接報到場，發現其後腦有個由**硬物**造成的傷口，他看來已死了約12個小時。」

「死者身旁有一枝**撬楗**，相信它就是兇器。此外，在地上還找到一枝**蠟燭**。」狐格森指着放在桌上的那兩件物品說，「從死者身穿晨衣看來，他應該是在樓上的臥室中聽到撬窗的聲響，於是點了蠟燭走下來查看，卻被已潛了進來的竊賊以撬楗從後襲擊，結果**一命嗚呼**！事後據女傭說，客廳有兩個純金打造的**燭台不翼而飛**，看來是給兇手偷走了。」

「我們在窗外的花圃上還發現一些鞋印，證明竊賊是從外面撬開窗戶走進來的。」李大猩不忘補充。

福爾摩斯看看桌上的**撬楗**，問道：

「在上面找到弗蘭克的指紋嗎？」

「找不到。」狐格森說，「半個指紋也沒有。弗蘭克很小心，把它抹得乾乾淨淨。」

「這就太奇怪了！」華生訝異，「他懂得抹走撬棍上的指紋，怎會不抹去窗上的呢？」

「一點也不奇怪啊！」李大猩說，「撬棍是兇器嘛，弗蘭克當然特別在意它。但玻璃窗嘛，他逃走時匆匆忙忙按了一下，可能根本沒察覺呢。」

「沒指紋的話，怎知道撬棍是弗蘭克的？又何以能釘死他呢？」福爾摩斯問。

「嘿嘿嘿，別那麼心急嘛。」李大猩蹲下來，故作神秘地從地氈下取出一條鑰匙，說，「這才是決定性的證物，我們發現它藏在地氈下，經調查後知道是臥室保險箱的鑰匙。」

「對，在保險箱中，還找到了這些東西呢。」狐格森說着，從手提包中掏出了一個用**手帕包成的布包**，然後小心翼翼地把它解開。

華生看到，手帕內有6隻銀製茶匙、2個盛鹽的銀製小瓶和1個金色吊墜。

福爾摩斯走近細看了一下，移開那些銀器和吊墜，拿起那塊**手帕**來檢視。

「怎麼了？」華生問，「難道那手帕就是釘死弗蘭克的證據？」

「嘿嘿嘿，難怪福爾摩斯說你只會看，卻不懂得觀察。」李大猩譏笑道，「手帕上不但染了血，還清清楚楚地印着一個你熟悉的名字呢！」

「甚麼？」華生大吃一驚，慌忙湊過頭去看。

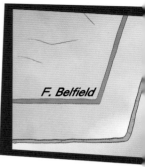

F. Belfield

果然，手帕的中間有一灘明顯的**血跡**，其中一個角落還印着「**F. Belfield**」*的名字！

「在保險箱中，還有一些不太值錢的金器和銀器，估計都是死者收買回來的賊贓，但那些東西與此案無關，我們就沒有帶來了。」李大猩說，「不過，手帕上包着的這些東西，卻肯定是**賊贓**，因為它們與最近一宗盜竊案的部分**失物**完全相同，只缺兩枚最值錢的**白金鑽戒**。」

「怎樣？這塊手帕足以釘死弗蘭克吧？」狐格森得意揚揚地問。

「唔……」福爾摩斯沉思了一會，說，「我明白了。你們大概認為，弗蘭克最近缺錢，所以**故態復萌**，又走去盜竊，得手後就把賊贓賣給死者。來這裏交收時，弗蘭克看到兩個純金打造的**燭台**後見獵心喜，在事發當晚撬開窗戶潛進來企圖把它們偷走，卻遇到死者下來查看，他惟恐事敗，只好舉起撬槓重重一擊。本來，他可能只想打暈死者，卻沒料到

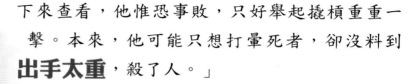

出手太重，殺了人。」

「哇哈哈！」李大猩擊節讚賞，「不愧是倫敦**首屈一指**的大偵探，這麼快就整理出跟我們分毫不差的推理！沒錯，弗蘭克就是這樣，犯下了殺人罪！」

「可是，弗蘭克又怎會這麼愚蠢，用自己的手帕來包賊贓呢？」華生不禁質疑。

「哎呀，華生醫生，你不知道嗎？世上有百分之九十的人都是**蠢**的啊！」狐格森說，「況且，他可能並不知道手帕上印了自己的名字呢。」

「對，我們已**旁敲側擊**地問過他的老媽了，手帕上的名字都是她印上去的。」李大猩說，「所以，弗蘭克沒注意到也不奇怪呀。」

「原來如此……」福爾摩斯沉吟半晌，問道，「可以把這塊手帕借給我回去檢驗一下嗎？」

「不行！這是重要證物，怎可以給你拿走。」李大猩**一口拒絕**，慌忙從大偵探手上奪回手帕。

36   ＊「F. Belfield」＝弗蘭克·貝菲德。

「難道你怕我會在手帕上找到足以**翻案**的線索？」

「開玩笑，我怎會怕？」

「不，你一定害怕。」福爾摩斯向華生遞了個眼色，「華生，你說對嗎？」

華生意會，故意出言譏笑：「肯定害怕！他知道你總會**出其不意**地來個**回馬槍**，換了我也會害怕呢。」

「甚麼？回馬槍？你說我怕他的回馬槍？」李大猩氣得滿面通紅。

「對！我們怎會害怕甚麼**回馬槍**！」狐格森也被觸着了痛處，不禁高聲反駁。

「不怕的話，借給我檢驗一下又何妨？」

「**好！**就給你檢驗一下！」李大猩說，「但明早一定要還！丟失了的話，當心要坐牢啊！」

「謝謝你，明早一定**完璧歸趙**，雙手奉還。」

福爾摩斯的激將法成功了。華生知道，手帕上除了名字外，還有一些**血跡**，福爾摩斯要拿回去檢驗的，正是那些血跡。可是，單憑那些血跡就能為弗蘭克**洗脫罪名**嗎？華生心裏不禁有點不安。

下回預告：福爾摩斯檢驗完手帕後，竟拋下案件不理，帶小兔子和愛麗絲去動物園遊玩！箇中有何玄機？下回一舉揭開兇案背後的真相！

2020 香港書展

7月書展因疫情而延至12月舉行，我們在會場中將有多本新書推出，還有各種優惠！萬勿錯過！

日期：12月16日至22日
地點：灣仔香港會議展覽中心

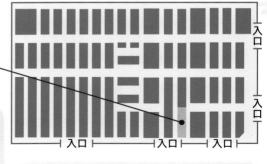

攤位：HALL 3 兒童天地 3D-D02

（另有HALL 1攤位1B-B02）

三大即場訂閱優惠！

① 訂閱《兒童的科學》

凡於現場訂閱《兒童的科學》實踐教材版12期，即可獲贈「大偵探太陽能＋動能蓄電電筒」或多款神秘書展限定訂閱禮物！（數量有限，送完即止。）

② 訂閱《兒童的學習》

凡於現場訂閱《兒童的學習》12期，即送偵探眼鏡或詩詞成語競奪卡或大偵探文具套裝或神奇魔法沙。

③ 同時訂閱《兒童的科學》教材版及《兒童的學習》各12期，即獲$100優惠！

《兒童的科學》第189期優先發售

原定於2021年1月1日出版的第189期，將會提早於書展期間發售！

滾珠黑洞機

大家更可用優惠價補購《兒童的科學》的指定期數！

兒童的科學叢書

誰改變了世界？

③ 4個科學先驅的故事

收錄巴貝奇、愛達、達爾文及門捷列夫四位著名科學家的生平故事，從中學習如何當上出色的科研人材！

科學大冒險 ④

輯錄《兒童的科學》精彩連載漫畫！並特設相關科學專題及小遊戲，益智耐看！

兒科攤位新書出版！

M博士外傳 ⑤

幕後黑手檢察官維勒福派出殺手突襲唐泰斯！究竟唐泰斯能否逃過一劫，打倒最後的仇人呢？

隨書附送唐泰斯匙扣！

大偵探福爾摩斯系列

提升數學能力讀本

書中透過各種趣味遊戲、精彩故事與漫畫，深入淺出闡釋數理概念，提升你對數學的興趣，加強運算能力。

加減乘除

分數・小數・百分數

四字成語101 ②

收錄101個成語，配合小遊戲和豐富例句，提高閱讀及寫作能力！

英文填字遊戲

遊戲分三個階段，循序漸進，由淺入深。而且每個考驗附有「實用小錦囊」，介紹生字相關文法知識、中英對照例句及西方文化。

英文版 ⑭ 瀕死的大偵探

黑死病侵襲倫敦，大偵探也不幸染病，危在旦夕！究竟病菌殺人的背後隱藏着甚麼不可告人的秘密？

漫畫版 ⑩ 無聲的呼喚

不肯說話的女孩目睹兇案經過，大偵探從其日記查出真相，卻使真兇再動殺機，令女孩身陷險境！

森巴STEM
科學知識系列 ②

全彩色精彩冒險漫畫，加上詳盡解說專欄，為你解開呼吸的秘密！

森巴FAMILY ⑤

中英對照，清楚易懂！助你輕鬆學英文！

小說 名偵探柯南電影版 ②
絕海的偵探

柯南等人登上神盾艦參觀時，得知有間諜混入參觀者之中，小蘭更遇上大危機！

少女神探 愛麗絲與企鵝 ⑨
阿拉伯的約會

轉校生找愛麗絲幫忙向同班同學告白，她能否成功牽上紅線？及後二人約會時被壞人脅持，偵探們要如何營救？

機械人
的五百年

ROBOTS
THE 500-YEAR QUEST TO MAKE MACHINES HUMAN

13·11·2020 - 14·4·2021

香港科學館特備展覽廳
香港九龍尖沙咀東部科學館道二號

開放時間：
平日上午 10 時至晚上 7 時
周末及公眾假期上午 10 時至晚上 9 時
星期四（公眾假期除外）、年初一及二休館

入場費：
標準票 30 元　團體票 21 元　優惠票 15 元　全日制學生 5 元
星期三：標準票 10 元　團體票 7 元　優惠票 5 元
博物館通行證持有人免費入場

 hkscm　 2732 3232
 hk.science.museum/ms/robots2020

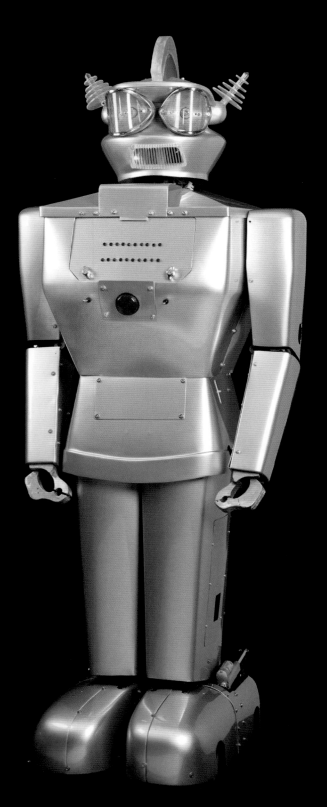

主辦
Presented by

康樂及文化事務署
Leisure and Cultural
Services Department

籌劃
Organised by

香港科學館
HONG KONG
SCIENCE MUSEUM

展覽提供
An exhibition by

SCIENCE MUSEUM

《兒童的科學》
創作組＝編
Costo＝插畫

誰改變了世界？

炸藥專家 諾貝爾

　　轟隆！

　　一聲巨響乍起，嚇得行人都停下腳步看向聲音的來源，連街道兩邊屋內的人也紛紛從窗口伸出頭來，只見遠處正冒着縷縷**黑煙**。

　　「發生甚麼事？」

　　「是**爆炸**？」

　　「好像從赫勒尼堡那邊傳來的……」

　　正當途人**驚疑不定**，已見一輛馬車於街上**奔馳**，朝着巨響發出的方向急速駛去。

　　大約半個小時後，馬車來到現場。一名年約20歲的年輕男子從車廂跳下來，他眼前的一座房子已**面目全非**，頂部被炸開了，冒出熊熊火光，牆壁也**倒塌**了大半。四周散落大小不一的碎片，還彌漫着一絲硫磺的臭味，不少人挽着水桶往兇猛的火舌**潑水**。

　　男子四處張望，不一會看到一個微駝的身影後迅即跑過去。

　　「爸爸！」

　　對方並沒回應，眼睛一直注視火場，喃喃說道：「**阿佛烈**，艾米爾……艾米爾他還在裏面……」

　　「**爸爸，沒事的。**」阿佛烈只能扶住那彷彿要倒下的父親，不斷安慰，「會沒事的……」

　　大火燒了多時終於熄滅，眾人走進已成廢墟的廠房搜索生還者。

不一會，一個叫聲傳來。

「諾貝爾先生，找到了！」

二人趕緊過去，看到數具**不似人形**的焦黑物體。那一刻阿佛烈不敢相信其中一個就是自己的弟弟。

「**艾米爾⋯⋯**」父親嘶啞的嗓音在耳邊響起，「**艾米爾啊！**」他身子一軟，幾乎跪倒在地上。

1864年的這一天對諾貝爾父子是個**沉重**的打擊。炸藥研發使他們心愛的親人離逝，也威脅到他人的安全。然而，**阿佛烈·諾貝爾** (Alfred Nobel) 絕不放棄，誓要製造出更穩定安全的**炸藥**。晚年他更利用這種破壞力強大的化學物質帶來的巨大利益，決定身故後創辦一個**家傳戶曉**的獎項。

究竟諾貝爾如何成功改造新的炸藥呢？這就要從其父親打算開發工程用炸藥說起了。

賣火柴的男孩

阿佛烈的父親**伊曼紐爾**是瑞典的一位發明家與企業家，年輕時曾於一艘帆船工作，及後入讀斯德哥爾摩的一所建築學校，畢業後當過工程學校老師。後來他開設不動產公司，期間**發明**了多種物品如輾壓機、刨木機等，收入漸豐。1827年與一戶富有農家的女兒卡羅琳娜成婚，妻子先後誕下長子**羅伯特**和次子**路德維希**。

可惜**好景不常**，1833年初伊曼紐爾的公司被大火燒毀，以致**破產**收場。同年10月，第三個孩子阿佛烈·諾貝爾 (之後直接以「諾貝爾」稱呼) 出生了，家庭開支的負擔也增加不少。

不過伊曼紐爾並未氣餒，轉而設計**新式炸藥**。當時槍炮武器都採用傳統**黑火藥**，而道路、隧道等工程建設仍以**人手開挖**，故此他希望製造一種能應用於各方面的炸藥以節省成本。只是，其研究不獲瑞典政府支持，處處碰壁。為了**突破困境**，他決定往外國發展，於1837年告別妻兒，獨自前往芬蘭和俄羅斯。

如此一來，卡羅琳娜就須獨力照顧兒子。她經營一間牛奶蔬菜店，但收入始終微薄。於是年幼的孩子們便想辦法**幫補家計**，當時

年僅9歲的羅伯特和7歲的路德維希決定向途人兜售火柴。而只有5歲的諾貝爾卻因體弱多病，常要臥床休息。不過，他偶爾會悄悄跟着哥哥到街頭幫忙呢……

「兩位先生女士，要買火柴嗎？」羅伯特向街上一對男女問道。

「我已有火柴，不用了。」男人一口拒絕後低聲咕噥，「反正小屁孩的火柴也不會好用。」

耳尖的路德維希聽到對方那樣說，忍不住反駁：「先生，這些火柴來自斯德哥爾摩的大工廠，絕不是甚麼小屁孩火柴！」

「總之不買，別再煩我們了！」說着，男人準備拉起女伴的手離開。

這時，一個略為奶聲奶氣的聲音插進來。

「先生，請你買盒火柴吧。」小小的諾貝爾說，「咳咳，天氣這麼冷，你一定要用很多很多的吧。」

的確，冬季已至，凜冽的寒風颼颼吹過街道，冷得人們渾身發抖。

「算了，買一盒吧，反正我們也會用到。」那位女士從口袋掏出一個硬幣，放到諾貝爾手上，「給你。」

待那對男女走遠後，羅伯特和路德維希都稱讚小諾貝爾機靈呢。

諾貝爾到8歲時便跟着哥哥一起上小學。他努力讀書，成績不俗，無奈身體虛弱，不能與其他同學嬉戲，只好在旁觀看。

另一邊廂，伊曼紐爾在俄國聖彼得堡研發水雷等武器，獲得軍部賞識，接了大量訂單。公司規模也日漸擴大，所得利潤增多，這時他決定將妻兒接過來團聚。於是，1842年諾貝爾母子乘船前往聖彼得堡，登上伊曼紐爾準備的馬車，住進一幢豪華大宅，他們終於不用再捱窮。一年後，卡羅琳娜誕下一個男孩艾米爾，諾貝爾便成為哥哥了。

為了讓兒子得到更好的教育，伊曼紐爾聘請數位家庭教師，讓他們學習科學、歷史、文學和語言，包括瑞典語、俄語、英語、法

語、德語等。當中諾貝爾尤具**語言天分**，常將文學作品翻譯成其他語言，再把譯文自行譯回原文，增強**讀寫能力**。此舉令他精通多國語言，對日後在各地做生意時更有利。

1850年，諾貝爾已17歲，身體變得比以前較**強壯**，決定出國遊學，先後到訪德國、丹麥、意大利，之後抵達法國。他在**巴黎**拜化學家佩洛茲*為師，學習**化學分析**的知識與實驗技術。兩年後他更橫渡大西洋，前往**美國**一間機械工廠實習。至1854年才返回聖彼得堡，當時俄國正值戰爭。

硝酸甘油的威力

1853年**克里米亞戰爭**爆發，英國、法國與奧斯曼帝國*聯軍向俄羅斯宣戰。當時俄國亟需大量武器，於是伊曼紐爾工廠生產的水雷等武器得以被大加應用。水雷的原料是**黑火藥**，這種化學爆炸物約於公元7至8世紀由中國**煉丹師**發明，一直沿用至今，只是其威力始終不夠強。

後來，化學教授齊寧*和特拉普*拜訪伊曼紐爾，向對方展示一種化合物——**硝酸甘油**，認為可成為**嶄新**的炸藥材料。硝酸甘油於1847年由索布雷洛*發明，具有極強爆炸力，只是非常**不穩定**，很易引發爆炸。

戰爭令伊曼紐爾賺得大量資金研究新型炸藥，但一切亦隨戰爭結束而化成**泡影**。1856年俄國戰敗，沙皇*薨逝。新任沙皇推翻舊有合約，令伊曼紐爾公司失去所有訂單，最終因**債台高築**而再次**破產**。

然而，他並沒氣餒。1859年他帶着妻子和小兒子艾米爾回到**斯德哥爾摩**，在市郊**赫勒尼堡**開設實驗室，試圖從不同比例混合硝酸甘油與黑火藥造出新產品，並計劃向某些建築開發工程公司販售硝酸甘油。

至於諾貝爾則留在俄國，與父親一樣沒忘記硝酸甘油的潛力，對其進行各種研究。1862年他發明一種**引爆裝置**，並於1863年在瑞典

*泰奧菲勒-儒勒・佩洛茲 (Théophile-Jules Pelouze，1807-1867年)，法國化學家。
*奧斯曼帝國 (Ottoman Empire)，由土耳其人於公元13世紀末建立的軍事帝國。
*列高尼・齊寧 (Nikolay Nikolaevich Zinin，1812-1880年)，俄羅斯化學家。
*尤里・特拉普 (Yuli Trapp，1808-1882年)，俄羅斯化學家。
*阿斯卡尼奧・索布雷洛 (Ascanio Sobrero，1812-1888年)，意大利化學家，年輕時當過佩洛茲的助手。
*沙皇 (Tsar) 是俄羅斯最高統治者的稱呼。

申請專利。同年他返回斯德哥爾摩，與幼弟艾米爾一起協助父親工作。

就在他們醉心於研發新式炸藥時，那場可怕的**災難**遽然發生。1864年9月3日，赫勒尼堡實驗室發生**大爆炸**事故。當時諾貝爾身處市中心，突然聽到該方向發出**轟然巨響**，心知出了事，便乘馬車趕回去。可惜為時已晚，實驗室被炸得**支離破碎**，還有5具屍體，其中一具更是其幼弟艾米爾。

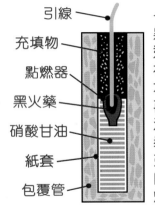

諾貝爾改良過的一款引爆裝置

引線
充填物
點燃器
黑火藥
硝酸甘油
紙套
包覆管

←點燃器是一個裝有黑火藥的細小木囊，連接着引線。當引線被點燃後，會先燒着木囊中的黑火藥，再波及管內的硝酸甘油，產生爆炸。這種裝置令使用者在點燃引線後有足夠時間離開現場，從遠距離引爆炸藥。

伊曼紐爾經歷兩次破產仍**屹立不搖**，直到這次小兒子不幸過世，終於承受不住，突然中風**病倒**。不過諾貝爾卻未被此事擊敗，繼續研究，並於事故發生一個月後開設第一間炸藥公司。

只是，事故已令斯德哥爾摩居民**人心惶惶**。他們群起反對諾貝爾在附近建立工廠，而市政府也明令禁止在人口稠密的住宅區生產這些危險物品。諾貝爾唯有購買一艘**駁船**，在較遠的梅拉倫湖中心*工作，直到1865年始獲批准在一處荒郊建立工廠。期間，他不停思考要如何製造出較穩定的炸藥。

安全炸藥的發明

硝酸甘油是一種極不穩定的液體，只要受到搖晃也可能引發爆炸。諾貝爾苦苦思索，想到若將之製成**固體**，那麼在運輸和操作時應會較安全。他與助手把各類東西與硝酸甘油混合，嘗試造出固態物質。在其努力不斷試驗下，終於找出一種**合適的物品**……

「唉，試了這麼多東西都不管用。」助手放下試管不禁歎道，「究竟要到何時才成功啊。」

「別這麼快就**放棄**。」諾貝爾往紙上的文字瞥了一眼，「清單上還有很多東西未試呢。」

「對了，一會兒有人來**取貨**。」助手說。

「那麼先去看一下吧。」

*梅拉倫湖 (Mälaren) 是瑞典第三大湖。

於是，二人到倉庫打開木箱檢查，卻發現箱內有個罐子穿了洞。不過，當中的硝酸甘油並沒完全漏出來，而是與罐外用來填塞空隙的**土狀物**混和在一起，形成了一些如麵團般的物質。

諾貝爾**靈機一觸**，指着那些土狀物興奮叫道：「對了，它也在試驗清單上，先試試看吧。」

它就是**矽藻土**。

矽藻土是一種沉積岩，由矽藻殘骸沉積而成。其質地**輕軟**，當中有許多**孔隙**，具有極強**吸水性**，也不易與其他物質產生**化學反應**。諾貝爾看中這些特性，調配不同比例的矽藻土去吸附硝酸甘油。經過反復試驗，1866年終於製成一種劃時代的固體炸藥——**矽藻土炸藥**(Dynamite)。

由於這種炸藥比黑火藥威力更強，卻比硝酸甘油穩定，推出市面後逐漸受人注目，令公司收到許多訂單。另外，早於1865年在**德國**開設的分公司業務也**蒸蒸日上**，工廠原先生產硝酸甘油炸藥，及後則專注製造矽藻土炸藥。次年他又親赴**美國**建立新公司，但沒參與營運，只將專利權轉讓給公司負責人，收取股份利息報酬。

同時，自發明了矽藻土炸藥後，諾貝爾仍不斷改善其質素，其中就改良了引爆裝置。

裝置因以黑火藥為**引爆劑**，其爆炸威力不夠大，而且有時出現失效情況，故此他打算採用威力更強的材料。最後他利用**雷酸汞**製成新的引爆裝置，俗稱「**雷管**」，並於1867年在瑞典和德國申請專利。

雷管的發明標誌着西方人擺脫了傳統黑火藥，邁向新的炸藥時代。

諾貝爾王國

一直以來，諾貝爾四出奔波以拓展公司業務。1868年他就前往**巴黎**，準備與一名機械廠主兼商人巴布合資開設新公司，建立炸藥工廠。然而，法國政府卻遲遲不肯審批其**經營許可**。直至1870年普法戰爭爆發，法國因不敵德國的武器，才批准諾貝爾建廠生產最新式的

軍火。只是次年又因法國戰敗，工廠被勒令關閉。

　　雖然形勢嚴峻，但他並沒退縮。為方便管理歐洲各間公司，1873年反而遷至巴黎居住，並將當地發展成**研究新炸藥**的基地。

　　矽藻土雖使硝酸甘油變得較穩定，也比傳統黑火藥的爆炸力更強，但諾貝爾認為其威力尚嫌不足。他希望找到一種既同樣使硝酸甘油穩定卻又更有爆炸力的物質，以代替矽藻土。那時他注意到**火棉**可能是種合適的替代品。諾貝爾與助手做了多達250多次試驗，終於發明一種稱為「**爆炸膠**」的高效能炸藥，並於1875年在多個國家申請專利。同年，法國諾貝爾公司也正式投入生產。

　　除了歐洲大陸，他亦將勢力伸展至海峽對岸。早於法國建立新公司時，他到訪**英國**謀求發展機會。經過一連串艱辛的談判，並反復向政府官員試驗矽藻土炸藥，表明其安全可靠，才得以在當地建廠。

　　另外，諾貝爾也投資**俄國石油開發**，與哥哥羅伯特及路德維希於1879年成立「諾貝爾兄弟石油公司」。他們在高加索地區的**巴庫***收購大量油田，開採石油及煉製各種石油副產品，並自行鋪設輸油管及建立運油船隊，獲得龐大利潤。

　　與此同時，諾貝爾繼續改良炸藥品質。雖然爆炸膠的效能比其他舊產品大有進步，但還有缺點，那就是爆炸時會產生大量**煙霧**，不利工作。當時他與研究團隊在一種推出市面數年、稱為「**賽璐珞**」的仿象牙物料中找到解決辦法。該物質極之易燃，但燒起來又不會出煙。他們發現當中所含的**樟腦**就是關鍵，並據此於1887年成功研發「**混合無煙火藥**」(Ballistite)。

　　這種炸藥很快引起各國政府關注，他們主要將之應用於**軍事**上，設計一些攻擊時不着痕跡的先進武器。

　　只是，它亦為諾貝爾帶來不少麻煩。當時法國有一名化學家維埃那*在兩年前也發明一種無煙炸藥，但其質素卻不及諾貝爾的產品。但因維埃那與軍方關係密切，加上法國政府決定**保護**本國發明，不但

---

*巴庫 (Baku) 現為阿塞拜疆的首都。

*保羅‧維埃那 (Paul Marie Eugène Vieille，1854-1934)，法國化學家，發明了無煙炸藥「Poudre B」。

拒絕諾貝爾的專利申請，更藉詞一度關閉其火藥廠。另外，巴黎的報章更指控他涉嫌**剽竊機密**，揚言要將他送到牢獄。

後來，意大利政府於1888年批准諾貝爾無煙炸藥的專利申請，又允許他在意大利建立工廠，並簽訂約300噸的訂單。諾貝爾遂乾脆離開巴黎，移居至意大利聖雷莫*，直至1896年逝世。

戰爭與和平

自1886年，諾貝爾創建了一個環球商業信託企業，旗下公司遍及21個國家，90多間所屬工廠每年生產超過60000噸炸藥，應用於工程建設與軍事武器開發。此外，他在多個領域如機械、醫療、化工等因多項發明而有許多**專利**，也為其帶來莫大收入。

不過，他並非只專注於公司及其產品等實際事務，也懷有**浪漫思想**。他自小喜歡閱讀各類文學作品，長大後更曾私下寫過一些小說和劇本。另外，雖然他發明多種炸藥，卻一直在追求和平。炸藥既可開山劈石，協助修建道路與運河，亦能在戰爭中摧毀一切可貴之物，可謂**一體兩面**，要觀乎如何使用。

諾貝爾一生從未結婚，無兒無女，卻坐擁龐大資產。晚年他想到**身後之事**，經深思熟慮，最後下了一個震驚世人的決定。

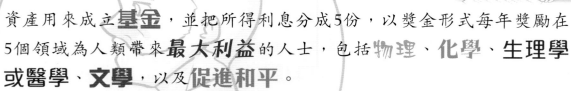

他立下遺囑，指定其助手索爾曼及一位瑞典工程師為遺產執行人。當中表明將其一切可變換成現金的資產用來成立**基金**，並把所得利息分成5份，以獎金形式每年獎勵在5個領域為人類帶來**最大利益**的人士，包括物理、**化學**、**生理學或醫學**、**文學**，以及促進和平。

1900年，瑞典政府正式成立諾貝爾基金會。基金會整理其三千多萬瑞典克朗（折合當時約200多萬英鎊）的遺產後，於次年開始頒發獎項。此後，**諾貝爾獎**都於每年12月10日頒發，那天正是諾貝爾的忌日。

他曾說過：「我會樂意幫助那些懷有理想卻難以實現之人去完成自己的抱負。」

*聖雷莫 (Sanremo)，意大利西北面的城市。

聖誕 送 大 禮

呵呵呵！

開心禮物屋

A 電動氣墊曲棍球

1名

附兩枝球棒和兩個球門，在家也可對戰！

B 感應懸浮迷你直升機

1名

在你的手上飄浮！

C 大偵探福爾摩斯數學遊戲卡

1名

在對戰中學習數學知識！

D 肥嘟嘟華生公仔

1名

得意可愛，來裝飾你的房間！

E 兒童液晶體畫版

1名

隨意畫隨意擦，方便又實用！

F BB戰士七劍型00高達模型

1名

裝備七把劍的經典機體！

G 小馬寶莉 Runway Fashions 紫悅公主

1名

利用附送部件，自由設計她的形象吧！

H 森巴STEM 科學知識系列① 水的知識

2名

可愛小野人的爆笑冒險，還教你水的環保意識！

I TOMICA R01 史諾比房屋車

1名

經典RIDE ON系列，附有可坐在車上的人偶！

第186期得獎名單

A	紅外線射擊玩具槍鬧鐘	黃朗晞	F	紙箱戰機模型	譚葦晴
B	恐龍島數獨遊戲	唐恩樂	G	星光樂園Q版偶像公仔9個	王正怡
C	兒童數碼相機	孔竣譽	H	星球大戰可動人偶2個裝	鄧恩浩
D	豪華沐浴球實驗室	曾梓洋	I	DIY皮革八達通套	程沛汶
E	恐龍化石考古玩具	王奕			黃彧萱

為甚麼人對夢境的記憶特別短，特別容易忘記？

香港中文大學
生物及化學系客席教授
曹宏威博士

陳沛芝　德望中學　中一

　　夢境主要在深層睡眠時發生，這時大腦不同的部分或處於休息狀態，所以我們對於夢境甚至不會產生任何記憶。有時我們剛睡醒時，仍能記着剛完結的夢，則可能是大腦相應的部分已醒來，所以就看得見和聽得到夢境了。不過，夢境的細節就像些瑣碎事，大腦很快便忘掉，自然記不住了。另外，也有可能是夢並非像長期記憶般儲存着，所以我們頂多只能依稀記着某幾個較深刻的夢，而當中細節則早已煙消雲散了。

　　還有，夢境往往是無理的片段組合而成，醒來也難以砌回一個有理夢吧。

睡眠周期（超簡化版）

睡眠時間通常由數個睡眠周期組成。

新的睡眠周期

淺睡　　　　深層睡眠　（當中包括稱為REM睡眠的　　淺睡或短暫醒來　　淺睡
　　　　　　　　　　　　階段，夢境就在此時發生）

飛機餐 為何不好吃？

鄭浚宇　保良局陸慶濤小學　四年級

　　有研究指出，飛機機艙的乾燥環境和較低的氣壓是人們覺得飛機餐不好吃的外因。另外，飛機餐一般是先在地面準備好，再在機上翻熱，這二度烹飪往往改變了廚師對於美食的精準拿捏，導致它不好吃。

　　另一個原因恐怕是經濟因素。本來航空公司總不會太馬虎，會盡量做好飛機餐。但市道不好，預算經費萎縮，航空公司無奈也要扣減飛機餐的預算（尤其是短程航線），其質素自然會下降。

◀雖然客觀因素有影響，但好不好吃也受主觀感覺左右呢！

為鼓勵讀者多思考多發問，編輯部將向被選中刊登問題的讀者寄出紀念品一份！

說到仿生機械，可能在很常見的情景中都有值得研究的話題呢！比如潛水艇，靈感就源自魚在水中上浮與下潛！

讀者天地

周浚賢

給編輯部的話　[希望刊登]
這部機械蚊蟲實太有趣了，我還把它用走家裏的蟑螂蚊子呢！永遠支持兒科！

 沒想到它還有這個作用，是驅蟲的好幫手呢！

李天一

給編輯部的話
這期教材很難砌，但我和爸爸最後花了2小時砌好了^_^。
希望刊登

 如果砌教材時遇到問題，可以掃碼到YouTube頻道觀看安裝過程啊！

兒童的科學

甄穎詩

給編輯部的話　[兒科加油!]
福爾摩斯果然很厲害呢，上一期的刀柄的謎團我很久也解不開，沒想到大偵探不費吹灰之力便解開了呢！

 想在解謎時不費吹灰之力？平日遇事無論大小都細心觀察、勤加思考吧！

譚皓銘

給編輯部的話
為甚麼「機械蜘蛛」不可用鹽水或太陽能板操控？　或

 鹽水或太陽能板理論上都能作為動力能源，你不妨想想如何改造啊！

林子灝

給編輯部的話
Mr.A被網絲圍住，好好笑！
希望刊登　　請評分 1-10

 哈哈，被網住的Mr.A表情夠生動，我給你滿分！

李彥敏

給編輯部的話　我給了科學DIY的糖果盒媽媽看，她嚇了一跳呢！雖然時間尚早，但都祝兒科萬聖節快樂呢！Trick or Treat〔希望刊登〕

 哈哈，頓牛和愛因獅子也嚇了一跳，不過之後就變得很興奮，還說要多玩幾次呢！

p.24 IQ挑戰站答案

Q1.
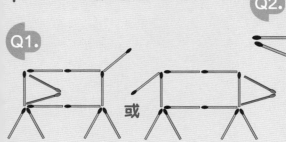 或

Q2.

Q3.
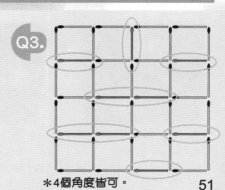
*4個角度皆可。

51

物理學獎 —— 窺探黑洞的奧妙

黑洞由一些巨大恆星演化而成，人類對它所知甚少。今年獲物理學獎的科學家就在有關黑洞的研究上有傑出貢獻。

羅傑·彭羅斯利用愛因斯坦的廣義相對論，以數學方法證明了黑洞確實存在，因而獲得物理學獎的一半獎金。

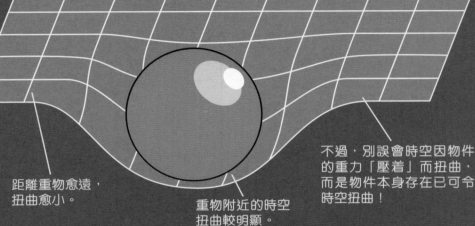

根據廣義相對論，質量會令時空扭曲，質量愈大，扭曲的程度也愈大。

距離重物愈遠，扭曲愈小。

重物附近的時空扭曲較明顯。

不過，別誤會時空因物件的重力「壓着」而扭曲，而是物件本身存在已可令時空扭曲！

醫學獎 —— 發現丙型肝炎病毒

今年三名醫學獎得主因成功發現丙型肝炎病毒而得獎。這種肝炎跟乙型肝炎一樣經血液傳播，兩者估計每年導致過百萬人死亡。這發現令科學家更容易研究對付肝炎的藥物，從而拯救了不少病人。

乙型肝炎於 1960 年被發現後，理論上只要檢查血液中有沒有這種病毒，就可防止輸血傳播。可是，哈維·阿特爾的研究發現仍有不少病人因輸血感染肝炎，因此推測尚有一種「非甲型亦非乙型」的肝炎。

米高·賀頓從感染不明肝炎的病人取得血液樣本，經多年研究，發現這些血液有一種抗體，專門對付一種屬於黃病毒科的病毒，因此推斷該病毒可導致丙型肝炎。

抗體

查爾斯·萊斯用實驗證明這種黃病毒科的病毒可複製，並使肝臟出現病變，因而確認它是導致丙型肝炎的原兇。

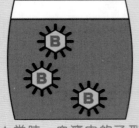

▲當時，血液中的乙型肝炎病毒可被檢測。

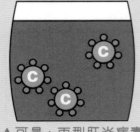

▲可是，丙型肝炎病毒仍未被測到，血液因而被視為安全可用。

▲研究人員將病毒注入黑猩猩的肝臟，使肝臟出現肝炎病變，證明這種病毒引起丙型肝炎。

黑洞是一個質量既巨大又密集的星體。它使時空扭曲成一個無底洞，連光線跑進去後也無法再出來，整體只呈現一片漆黑，黑洞之名就是由此而來。

既然黑洞看不見，那要如何找到黑洞呢？賴恩哈德・根舍和安德烈婭・蓋茲利用紅外線望遠鏡觀察銀河系中心，發現了該處有巨型黑洞的證據，兩人因而各獲得 25% 的獎金。

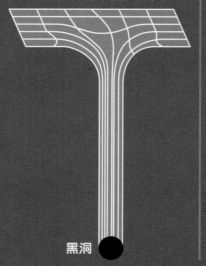

黑洞

人馬座 A*

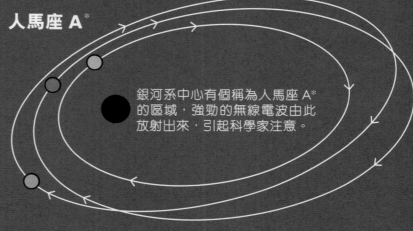

銀河系中心有個稱為人馬座 A* 的區域，強勁的無線電波由此放射出來，引起科學家注意。

根舍和蓋茲發現有些恆星圍繞着人馬座 A* 附近某個不發光的物體高速運轉，推斷該物體是個超大質量黑洞。

化學獎 —— 基因編輯工具

埃馬紐埃爾・夏彭蒂耶及珍妮花・杜德納發明了 CRISPR 技術，這技術就像一把「基因剪刀」，可按科學家需要去剪輯基因。此技術或可用於根治基因疾病，因而獲得今年的化學獎。

病毒 DNA

CRISPR

▶ CRISPR 是指一些細菌的 DNA 排序內一直重複的古怪序列。細菌摧毀來犯的病毒後，會用一種稱為 Cas9 的蛋白質將病毒遺下的 DNA 剪輯一小段，插入 CRISPR 作記錄。

基因剪刀 Cas9

夏彭蒂耶及杜德納以此機制為基礎，加以改良及簡化，並成功控制剪輯的位置。

▲當日後這種病毒再入侵，細菌就會按此 CRISPR 記錄快速辨認，然後加以消滅。

例如可把有缺陷的 DNA 剪走，並貼上正常的 DNA，治療基因疾病。

不過，這種技術問世不足 10 年，尚有剪輯位置出現偏差等問題要解決，目前不少科學家正在研究這種技術。

其他諾貝爾獎名單

文學獎：露伊絲・葛綠珂
和平獎：世界糧食計劃署
經濟學獎：保羅・米格龍、
羅伯特・威爾遜

金星大氣 發現疑似 生命跡象

梁淦章工程師
香港天文學會

太空歷奇

地球總部傳來急訊稱，天文學家近期在金星大氣層觀測到磷化氫，據此認為金星有生命跡象。

此消息掀起天文界熱烈的討論，所以總部想聽聽我們宇宙探險隊的看法。

磷化氫分子（PH3）=
1 個磷 +3 個氫

金星地面溫度高達 460℃，不宜生命存在。

硫酸雲飄浮在金星濃密的二氧化碳大氣層中，厚厚的雲層掩蔽整片因強烈溫室效應所造成的高溫地面。離開地面，溫度漸降，在 50 公里高的雲端，溫度降至 0~100℃，水可以液態存在 *，適合生命生存。

* 請參閱第 168 及第 172 期「天文教室」。

▼紫外線波段下所見的金星大氣

Photo credit:
Akatsuki JAXA

大氣

地面

Photo credit: ESO

觀測團隊首先用 JCMT 發現金星大氣中有磷化氫，再經更大型的 ALMA 天線陣進一步觀測及核實。

此次在離金星地面 55 至 80 公里的雲中發現「磷化氫」分子，用的不是光學望遠鏡，而是毫米波段的射電望遠鏡。

來自地面的毫米波（類比於不同顏色的光波）被空中的磷化氫分子吸收了特定波長，用地球上的射電望遠鏡觀測，就會發現其特定吸收譜線（類比於光譜線）。

◀位於智利的阿塔卡瑪大型毫米波天線陣（ALMA），由 66 座天線組成。

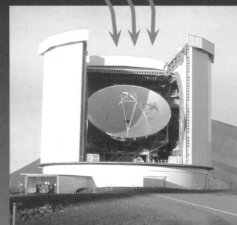

▲位於夏威夷、全球最大的單碟亞毫米波段射電望遠鏡（JCMT），直徑達 15 米。

金星存在生命？言之尚早！
發現「磷化氫」≠ 有生命

地球產生磷化氫的方式只有兩種。一是產生於微生物在缺氧環境下的代謝過程，二是人為的工業生產。

「磷化氫」
（PH₃）

天文學家也曾在木星高壓高溫的大氣層中找到過不明產生機制的磷化氫。金星大氣中的磷化氫僅是生命存在的間接證據，它可能來自未知的非生命過程。只有於金星大氣中存在磷化氫的地方直接採集到微生物，才可確認金星存在生命。

太陽系內最有條件孕育生命之地──擁有地下海洋的星球

孕育生命一定要有液態水。太陽系內只有地球的地面擁有水海洋。其他行星、矮行星、小行星、衛星等的地面只能找到液態甲烷（土衛六）、水冰、固體二氧化碳、固體氮等，這表明這些星球的地面沒有孕育生命的有利條件。

不過，下列星球的地層下擁有大小不一的地下鹹水海洋，有些星球內部更可能有地熱，有利於生命存在，是探索地外生命的選點。

木衛二	2014 及 2016 年哈勃太空望遠鏡觀測到水羽狀噴發泉，意味着冰下海洋有熱源。	土衛一	地下 30 公里處隱藏着一個海洋。
木衛三	地層下夾有一個或多個鹹水海洋。	土衛二	2015 年卡西尼號飛過南極上的羽狀水冰噴泉並發現氫，意味着南極冰下的海洋可能有水熱對流現象。
木衛四	在 200 公里厚的冰層下有一個至少 10 公里深的地下海洋。	土衛六	冰殼下 50 公里藏着一個鹹水海洋。
海衛一	航行者 2 號拍攝到多達 50 個噴發液態氮的噴泉，估計地層下有海洋。	冥王星	地表高聳着由水冰形成的山嶺，流動着由氮冰和甲烷冰形成的冰川，顯示地層下藏有海洋。

系外世界的外星生命條件又如何？

太陽系外的每顆恆星都可能有至少一顆行星繞其運行。在恆星的宜居帶 * 內，水可以液態存在，此範圍內的系外行星是尋找外星生命的最佳選點。

長久以來人類都渴望尋找外星生命、外星智慧以至外星文明，這將是一個漫長而不一定有答案的歷程。

* 參閱第 173 期「天文教室」

有水 = 有生命？
有生命 = 有智慧？
有智慧 = 有文明？
有文明 = 可永恆？
有文明 = 可接觸？

大偵探福爾摩斯
高利貸之災（上）

「甚麼？你要去找高利貸？」華生大吃一驚。

「我已經別無選擇，時間緊迫，要立即出發。」說着，福爾摩斯已推開房門走出去。

「就算沒錢交租也不用這樣做吧？」華生慌忙從後跟上，「那些傢伙不是**善男信女**，很危險啊！」

「你在說甚麼啊？我找高利貸商人是要問**貝里**的事。」大偵探邊走邊道，「李大猩說他已失蹤多日了，再拖下去恐有不測。」

「貝里**失蹤**了？」華生赫然一驚。

華生知道，貝里是蘇格蘭場的線人，專門將黑道內幕賣給警方。因其消息靈通可靠，令警方屢破大案，連老搭檔也會向他打聽。只是他**嗜賭如命**，常被債主上門追債，更有幾次要老搭檔出手相助。

「昨天我到貝里家查探，鄰居說曾有人上門找貝里**討債**。」福爾摩斯說，「而且他失蹤前數天，更有**可疑人士**在附近出沒，可能與某個**高利貸商人**有關。」

「那麼現在我們去找那人嗎？」

「不，我根本不知道是誰出手，所以要找相熟人士打聽消息。」

不一會，二人來到上史灣登巷一棟兩層高的木樓。

福爾摩斯往門敲了數下後，一個**兇神惡煞**的大漢從門後現身，粗聲粗氣地問：「甚麼事？」

「我想找門多利先生。」大偵探煞有介事地說，「是關於一筆錢的。」

那大漢側身讓兩人進去。他們走到一間房間，就看見裏面坐了一個**滿臉橫肉**的男人在喝茶，兩旁還站着一些像是保鑣的壯漢。

「哦，想不到倫敦鼎鼎大名的大偵探也有需要借錢的一天。」男人放下茶杯，**皮笑肉不笑**地說。

「嘿嘿嘿，門多利先生，雖然我的錢不算多，但也不至於要借錢。」福爾摩斯直接坐到門多利對面，微笑道，「我們來這裏只是想問些事情。」

「**問事情**？不是說與一筆錢有關嗎？」門多利皺着眉頭。

「沒錯，但那筆錢不是與我有關。」大偵探湊到對方的耳邊輕聲道，「而是**蘇格蘭場**。」

門多利盯住福爾摩斯好一會兒，就打了一個**響指**，示意其他人離開。

待房內只剩下他們三人，福爾摩斯才施施然說：「我想找一個叫貝里的人。」

「那賭鬼嗎？恕我幫不了你。」門多利在一張紙條上寫了些字遞向福爾摩斯，「不過你可以『問問』我的同行狼納特先生。」

「是他？」福爾摩斯**神情一凜**，「謝謝。」說着便起身離去。

華生跟着福爾摩斯離開木屋後，就聽到老搭檔喃喃自語：「麻煩了。」

「甚麼麻煩了？」

福爾摩斯並沒回答，只問：「華生，你知道借貸是甚麼一回事嗎？」

「願聞其詳。」

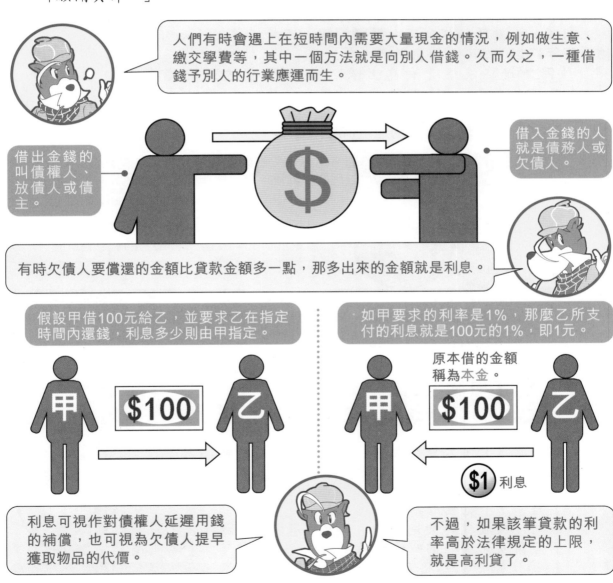

人們有時會遇上在短時間內需要大量現金的情況，例如做生意、繳交學費等，其中一個方法就是向別人借錢。久而久之，一種借錢予別人的行業應運而生。

借出金錢的叫債權人、放債人或債主。

借入金錢的人就是債務人或欠債人。

有時欠債人要償還的金額比貸款金額多一點，那多出來的金額就是利息。

假設甲借100元給乙，並要求乙在指定時間內還錢，利息多少則由甲指定。

如甲要求的利率是1%，那麼乙所支付的利息就是100元的1%，即1元。

原本借的金額稱為本金。

甲 $100 乙

甲 $100 乙

$1 利息

利息可視作對債權人延遲用錢的補償，也可視為欠債人提早獲取物品的代價。

不過，如果該筆貸款的利率高於法律規定的上限，就是高利貸了。

「**信用不佳**或**還款能力被質疑**的人，通常會被銀行等信譽較好的放債人拒絕貸款。」福爾摩斯繼續說，「他們可能因而改借高利貸，最後卻因欠債而被**滋擾**，甚至遭受**暴力**對待，得不償失。」

「這個我明白，但跟你剛才說的『麻煩』有何關係啊？」華生問。

「麻煩在狼納特為人暴躁，對欠債人**絕不手軟**，更不會顧其死活。」大偵探皺着眉道，「我們要儘快找到他，愈遲一分，貝里的處境就愈**危險**。」

二人立刻到蘇格蘭場與李大猩和狐格森會合，然後他們帶着十數名警察按門多利給予的地址來到一個**倉庫**門外。這時，一個身穿咖啡色西裝的男人剛巧從裏面走出來。李大猩立即一手扭住對方，另一手緊緊掩住他的口，低聲說：「**別作聲**！否則一槍斃了你！狼納特是否在裏面？」

那人點點頭，大偵探隨即低聲說：「既然確定人在裏面，馬上攻進去吧。」

眾人迅即攻入倉庫，成功拘捕狼納特及其黨羽，並找到已被虐打至暈倒了的貝里，華生立即為其急救。

期間，福爾摩斯搜到不少**借貸紀錄**，不禁叫道：「天啊！這相等於**年息1200%**，太誇張了吧！」

「因為現在沒規管利息上限*，那班傢伙才這麼**無法無天**。」狐格森湊過來看着紀錄說，「單看欠款就立即知道**利率**，你也算得真快呢！」

「我只是用了計算利息的公式而已。」

利息=本金×利率×時間

利息每隔一段時間就會累加一次。例如按月累加，就以月利率計算；若是按年累加，就以年利率計算。

貝里借了50鎊，卻要3個月內還200鎊，那利息就是200-50=150鎊，即每月的利息是50鎊。

150鎊=50鎊×月利率×3個月

用解方程的方法改寫算式。

月利率=150鎊÷50鎊÷3個月

月利率=1=100%

由於狼納特只收取單利息，所以計算較簡單——月利率100%，一年有12個月，所以年利率就是100% x 12，就是1200%。

「單利息？」李大猩也走過來問，「利息也分**種類**嗎？」

「這個……」

此時，正為貝里檢查傷勢的華生高聲叫道：「你說甚麼？」

「甚麼事？」福爾摩斯等人跑過去問。

「救……救救我的女兒……」貝里**氣若游絲**地說。

「貝里說女兒被一個叫法納的高利貸商人抓住了。」華生道。

「**鬃狗法納**？」狐格森大吃一驚，「那傢伙不好惹啊！」

「而且他計算利息的方法與狼納特不同……」大偵探陰沉地說，「是更**狠**更**狡猾**啊。」

究竟法納採用甚麼方法計算利息？福爾摩斯等人能否救出貝里的女兒呢？請留意「高利貸之災」下集！

*19世紀中期至後期的英國，幾乎對私人貸款利息沒有任何規管。當然，這在現代已大有改善。

真的有啊！

為甚麼會跟美軍有關的？

因為科學家發現聖誕老人……

能夠毀滅地球啊！

甚麼？

我們來看看這些分析吧。

嗖——

嗶

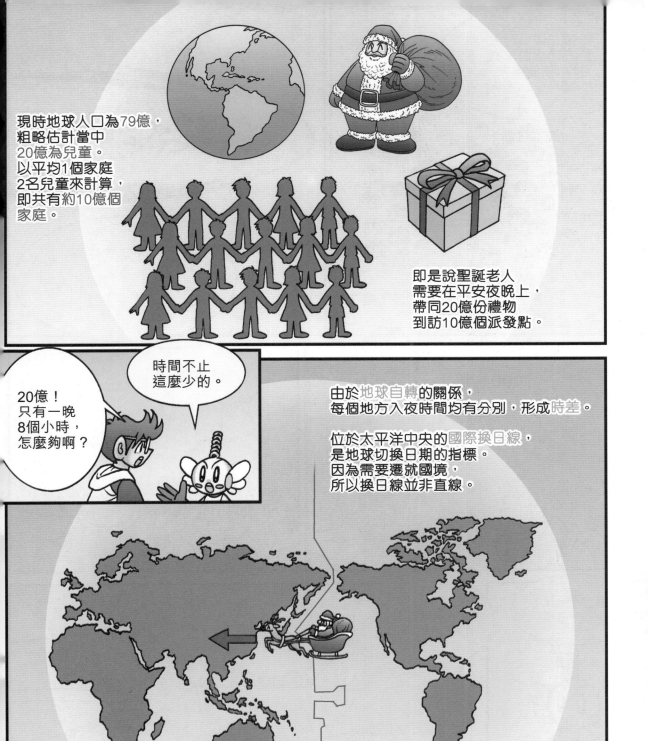

現時地球人口為79億，
粗略估計當中
20億為兒童。
以平均1個家庭
2名兒童來計算，
即共有約10億個
家庭。

即是說聖誕老人
需要在平安夜晚上，
帶同20億份禮物
到訪10億個派發點。

20億！
只有一晚
8個小時，
怎麼夠啊？

時間不止
這麼少的。

由於地球自轉的關係，
每個地方入夜時間均有分別，形成時差。

位於太平洋中央的國際換日線，
是地球切換日期的指標。
因為需要遷就國境，
所以換日線並非直線。

換日線西側到了晚上10時後，
要再過24小時才到東側
到達當日的晚上10時。
加上距離日出還有8小時……

只要聖誕老人
一直向西走，
實際上平安夜約有
32小時之多。

那就輕鬆
多了。

才不是啦。

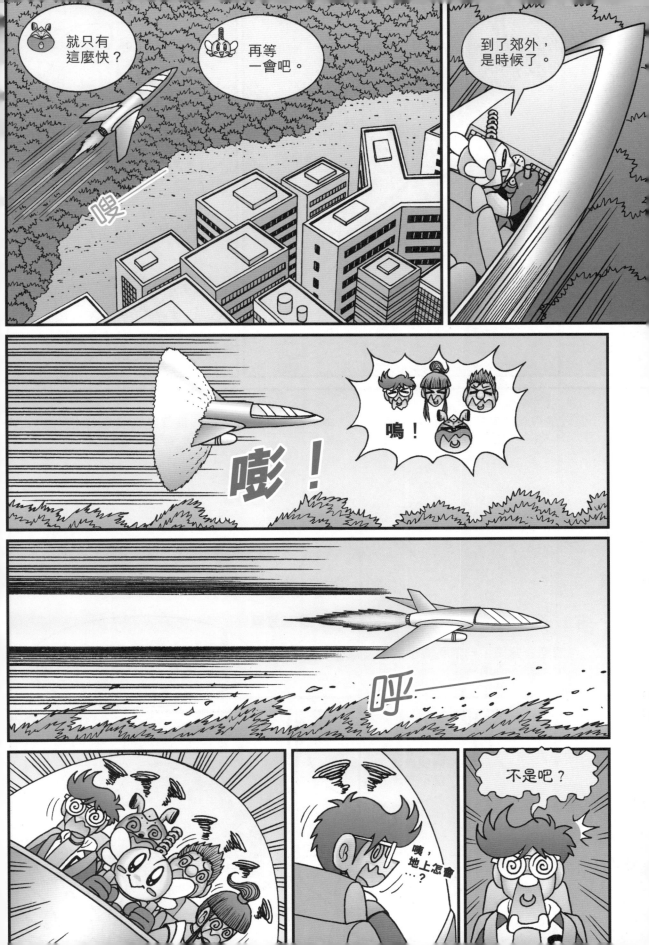

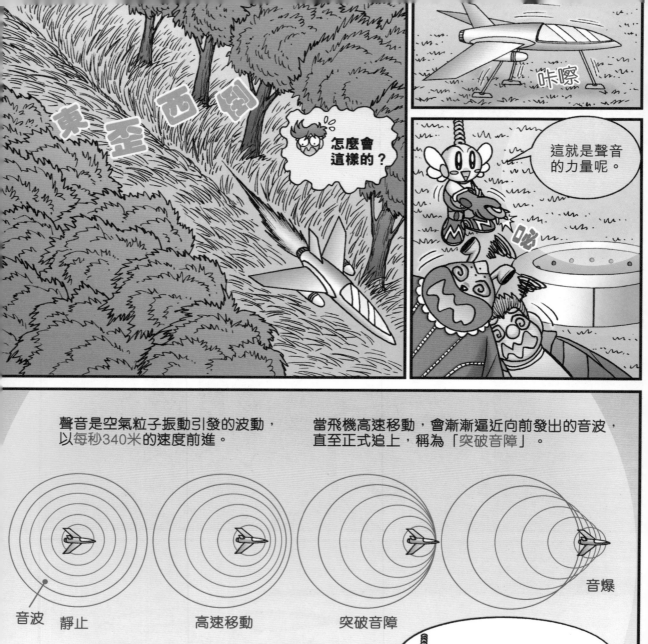

東歪西倒

怎麼會這樣的？

咔嚓

這就是聲音的力量呢。

啊

聲音是空氣粒子振動引發的波動，以每秒340米的速度前進。

當飛機高速移動，會漸漸逼近向前發出的音波，直至正式追上，稱為「突破音障」。

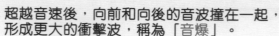

音波　靜止　高速移動　突破音障　音爆

超越音速後，向前和向後的音波撞在一起，形成更大的衝擊波，稱為「音爆」。

音爆除了造成輕微破壞，還會令我們感到不適。

這就是1900馬赫？沒甚麼大不了吧。

沒這麼簡單。

1馬赫即音速的1倍，剛才的超音速也只有3馬赫，跟地球最高速的戰機差不多而已。

另外假設每份禮物約500克，20億份共重100萬噸！

*NORAD= North American Aerospace Defense Command   CONAD= Continental Air Defense Command

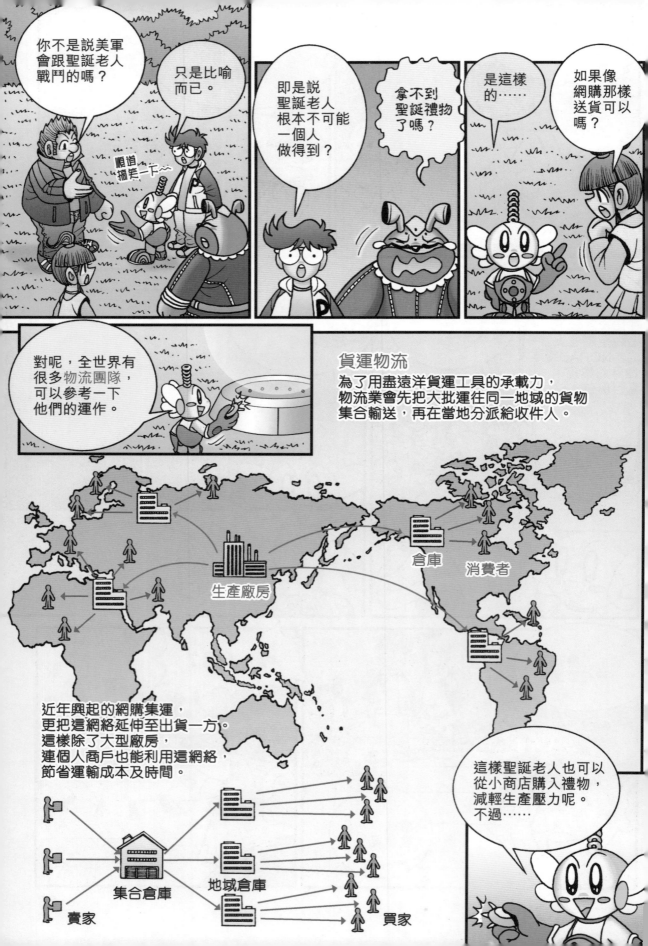

你不是説美軍會跟聖誕老人戰鬥的嗎？

只是比喻而已。

順道搞笑一下～

即是説聖誕老人根本不可能一個人做得到？

拿不到聖誕禮物了嗎？

是這樣的……

如果像網購那樣送貨可以嗎？

對呢，全世界有很多物流團隊，可以參考一下他們的運作。

貨運物流
為了用盡遠洋貨運工具的承載力，物流業會先把大批運往同一地域的貨物集合輸送，再在當地分派給收件人。

生產廠房

倉庫

消費者

近年興起的網購集運，更把這網絡延伸至出貨一方。這樣除了大型廠房，連個人商戶也能利用這網絡，節省運輸成本及時間。

這樣聖誕老人也可以從小商店購入禮物，減輕生產壓力呢。不過……

賣家

集合倉庫

地域倉庫

買家

假設每個速遞員平均一天可派發100件貨物，如以10億份禮物計算⋯⋯

這間公司最少要聘請1000萬個速遞員才能完成任務啊。

怎可能啊！難道世上真的沒有聖誕老人？

當然有啦。

聖誕老人的原型來自公元3世紀，一位樂於送禮物給窮人的主教聖尼古拉。

有關聖誕老人的傳說愈來愈多，後來北歐各國認定聖誕老人住在芬蘭，並於當地建立了聖誕老人村。

現在聖誕老人村已發展成很受歡迎的主題樂園了。

有很多小朋友會寄信來，郵局在這段時間都忙於處理聖誕老人的回信⋯⋯

原來是郵局！

聖誕老人的禮物就在郵局！

原來你想打禮物主意！別跑！

69

備註：可寄往「中環康樂廣場二號」，
註明「聖誕老人收」即可！

訂閱小學生必讀的知識月刊！

STEM 科學月刊
每月 1 日出版

跨學科教育月刊
每月 15 日出版

翻到後頁填寫訂閱表格

兒童的科學 訂戶換領店選擇

書報店

九龍區		店鋪代號
新城	匯景廣場 401C 四樓（面對百佳）	B002KL
偉華行	美孚四期 9 號舖（滙豐側）	B004KL

新界區		店鋪代號
永發	荔景村荔景樓街市 39 號	B008NT

OK便利店

香港區	店鋪代號
西環德輔道西 333 及 335 號地下連閣樓	284
西環般咸道 13-15 號金寧大廈地下 A 號舖	544
干諾道西 82- 87 號及修打蘭街 21-27 號海景大廈地下 D 及 H 號舖	413
西營盤德輔道西 232 號地下	433
上環德輔道中 323 號西港城地下 11,12 及 13 號舖	246
中環閣麟街 10 至 16 號致發大廈地下 1 號舖及天井	188
中環民光街 11 號 3 號碼頭 A,B & C 舖	229
金鐘花園道 3 號萬國寶通廣場地下 1 號舖	234
灣仔軒尼詩道 38 號地下	001
灣仔軒尼詩道 145 號安康大廈 3 號地下	056
灣仔灣仔道 89 號地下	357
灣仔駱克道 146 號地下 A 號舖	388
銅鑼灣駱克道 414, 418-430 號 偉德大廈地下 2 號舖	291
銅鑼灣堅拿道東 5 號地下連閣樓	521
天后英皇道 14 號僑興大廈地下 H 號舖	410
天后地鐵站 TIH2 號舖	319
炮台山英皇道 193-209 號英皇中心地下 25-27 號舖	289
北角七姊妹道 2,4,6,8 及 8A, 昌苑大廈地下 4 號舖	196
北角電器道 233 號城市花園 1, 2 及 3 座 平台地下 5 號舖	237
北角堡壘街 22 號地下	321
鰂魚涌海光街 13-15 號海光苑地下 16 號舖	348
太古康山花園第一座地下 H1 及 H2	039
西灣河筲箕灣道 388-414 號逢源大廈地下 H1 號舖	376
筲箕灣愛東商場地下 14 號舖	189
筲箕灣道 106-108 號地下 B 舖	201
杏花邨地鐵站 HFC 5 及 6 號舖	342
柴灣興華邨和興樓 209-210 號	032
柴灣地鐵站 CHW12 號舖 (C 出口)	300
柴灣小西灣道 28 號藍灣半島地下 18 號舖	199
柴灣小西灣邨小西灣商場四樓 401 號舖	166
柴灣小西灣商場地下 6A 號舖	390
柴灣康翠臺商場 L5 樓 3A 號舖及部份 3B 號舖	304
香港仔中心第五期地下 7 號舖	163
香港仔石排灣道 81 號兆輝大廈地下 3 及 4 號舖	336
香港華富商業中心 7 號地下	013
跑馬地黃泥涌道 21-23 號浩利大廈地下 B 號舖	349
鴨脷洲海怡路 18A 號海怡廣場 (東翼) 地下 G02 號舖	382
薄扶林置富南區廣場 5 樓 503 號舖 "7-8 號檔 "	264

九龍區	店鋪代號
九龍碧街 50 及 52 號地下	381
大角咀港灣豪庭地下 G10 號舖	247
深水埗桂林街 42-44 號地下 E 舖	180
深水埗富昌商場地下 18 號舖	228
長沙灣蘇屋邨蘇屋商場地下 G04 號舖	569
長沙灣道 800 號香港紗廠工業大廈一及二期地下	241
長沙灣道 868 號利豐中心地下	160
長沙灣長發街 13 及 13 號 A 地下	314
荔枝角道 833 號昇悅商場一樓 126 號舖	411
荔枝角地鐵站 LCK12 號舖	320
紅磡家維邨家義樓店號 3 及 4 號	079
紅磡機利士路 669 號昌盛金舖大廈地下	094
紅磡馬頭圍道 37-39 號紅磡商業廣場地下 43-44 號	124
紅磡鶴園街 2G 號恆豐工業大廈第一期地下 CD1 號	261
紅磡愛景街 8 號海濱南岸 1 樓商場 3A 號舖	435
馬頭圍村洋葵樓地下 111 號	365
馬頭圍新碼頭街 38 號翔龍灣廣場地下 G06 舖	407
土瓜灣土瓜灣道 273 號地下	131
九龍城衙前圍道 47 號地下 C 單位	386
尖沙咀寶勒巷 1 號玫瑰大廈地下 A 及 B 號舖	169
尖沙咀科學館道 14 號新文華中心地下 50-53&55 舖	209
尖沙咀尖東站 3 號舖	269
佐敦佐敦道 34 號道興樓地下	451
佐敦地鐵站 JOR10 及 11 號舖	297
佐敦寶靈街 20 號寶靈大樓地下 A，B 及 C 舖	303
佐敦佐敦道 9-11 號高基大廈地下 4 號舖	438
油麻地文明里 4-6 號地下 2 號舖	316
油麻地上海街 433 號興華中心地下 6 號舖	417
旺角水渠道 22,24,28 號安豪樓地下 A 舖	177
旺角西海泓道富榮花園地下 32-33 號舖	182
旺角弼街 43 號地下及閣樓	208
旺角亞皆老街 88 至 96 號利豐大樓地下 C 舖	245
旺角登打士街 43P-43S 號鴻輝大廈地下 8 號舖	343
旺角洗衣街 92 號地下	419
旺角豉油街 15 號萬利商業大廈地下 1 號舖	446
太子道西 96-100 號地下 C 及 D 舖	268
石硤尾南山邨南山商場大廈地下	098
樂富中心 LG6(橫頭磡南路)	027
樂富港鐵站 LOF6 號舖	409
新蒲崗寧遠街 10-20 號渣打銀行大廈地下 E 號	353
黃大仙盈福苑停車場大樓地下 1 號舖	181
黃大仙竹園邨竹園商場 11 號舖	081
黃大仙龍蟠苑龍蟠商場中心 101 號舖	100
黃大仙地鐵站 WTS 12 號舖	274
慈雲山慈正邨慈正商場 1 平台 1 號舖	140
慈雲山慈正邨慈正商場 2 期地下 2 號舖	183
鑽石山富山邨富信樓 3C 地下	012
彩虹地鐵站 CHH18 及 19 號舖	259
彩虹村金碧樓地下	097
九龍灣德福商場 1 期 P40 號舖	198
九龍灣宏開道 18 號德福大廈 1 樓 3C 舖	215
九龍灣常悅道 13 號瑞興中心地下 A	395
牛頭角淘大花園第一期商場 27-30 號	026
牛頭角彩德商場地下 G04 號舖	428
牛頭角彩盈邨彩盈坊 3 號舖	366
觀塘翠屏商場地下 6 號舖	078
觀塘秀茂坪十五期停車場大廈地下 1 號舖	191
觀塘協和街 101 號地下 H 舖	242
觀塘秀茂坪寶達邨寶達商場二樓 205 號舖	218
觀塘物華街 45 號華安大樓地下 2 號舖	474
觀塘牛頭角道 305-325 及 325A 號觀塘立成大廈地下 K 號	399
藍田茶果嶺道 93 號麗港城中城地下 25 及 26B 號舖	338
藍田匯景道 8 號匯景花園 2D 舖	385
油塘高俊苑停車場大廈 1 號舖	128
油塘邨鯉魚門廣場地下 1 號舖	231
油塘油麗商場 7 號舖	430

新界區	店鋪代號
屯門友愛村 H.A.N.D.S 商場地下 S114-S115 號	016
屯門置樂花園商場地下 129 號	114
屯門大興村商場 1 樓 54 號	043
屯門山景邨商場 122 號地下	050
屯門美樂花園商場 81-82 號地下	051
屯門青翠徑南光樓高層地下 D	069
屯門建生邨商場 102 號舖	083
屯門翠寧花園地下 12-13 號舖	104
屯門悅湖商場 53-57 及 81-85 號舖	109
屯門寶怡花園 23-23A 舖地下	111
屯門富泰商場地下 6 號舖	187
屯門屯利街 1 號華都花園第三層 2B-03 號舖	236
屯門海珠路 2 號海典軒地下 16-17 號舖	279
屯門啟發徑，德政園，柏苑地下 2 號舖	292
屯門龍門路 45 號富健花園地下 87 號舖	299
屯門寶田商場地下 6 號舖	324
屯門良景商場 114 號舖	329
屯門蝴蝶村熟食市場 13-16 號	033
屯門兆康苑商場中心店號 104	060
天水圍天恩商場 109 及 110 號舖	288
天水圍天瑞路 9 號天瑞商場地下 L026 號舖	437
天水圍 Town Lot 28 號俊宏軒俊宏廣場地下 L30 號	337
元朗朗屏邨玉屏樓地下 1 號	023
元朗朗屏邨鏡屏樓 M009 號舖	330
元朗水邊圍邨康水樓地下 103-5 號	014
元朗谷亭街 1 號傑文樓地舖	105
元朗大棠路 11 號光華廣場地下 4 號舖	214
元朗青山道 218, 222 & 226-230 號富興大邨地下 A 舖	285
元朗又新街 7-25 號元新大廈地下 4 號及 11 號舖	325
元朗青山公路 49-63 號金豪大廈地下 E 號舖及閣樓	414
元朗青山公路 99-109 號元朗貿易中心地下 7 號舖	421
荃灣大窩口村商場 C9-10 號	037
荃灣中心第一期高層平台 C8,C10,C12	067
荃灣麗城花園第三期麗城商場地下 2 號	089
荃灣海壩街 18 號 (近福來村)	095
荃灣圓墩圍 59-61 號地下 A 舖	152
荃灣梨木樹村梨木樹商場 LG1 號舖	265
荃灣梨木樹村梨木樹商場 1 樓 102 號舖	266
荃灣德海街富利達中心地下 E 號舖	313
荃灣鹹田街 61 至 75 號石壁新村遊樂場 C 座地下 C6 號舖	356
荃灣青山道 185-187 號荃勝大廈地下 A2 舖	194
青衣港鐵站 TSY 306 號舖	402
青衣村一期停車場地下 6 號舖	064
青衣青華苑停車場地下舖	294
葵涌安蔭商場 1 號舖	107
葵涌石蔭東邨蔭興樓 1 及 2 號舖	143
葵涌邨第一期秋葵樓地下 6 號舖	156
葵涌盛芳街 15 號運芳樓地下 2 號舖	186
葵涌景荔徑 8 號盈暉家居城地下 G-04 號舖	219
葵涌貨櫃碼頭亞洲貨運大廈第三期 A 座 7 樓	116
葵涌華星街 1 至 7 號美華工業大廈地下	403
上水彩園邨彩華樓 301-2 號	018
粉嶺名都商場 2 樓 39A 號舖	275
粉嶺嘉福邨商場中心 6 號舖	127
粉嶺欣盛苑停車場大廈地下 1 號舖	278
粉嶺清河邨商場 46 號舖	341
大埔富亨邨富亨商場中心 23-24 號舖	084
大埔運頭塘邨商場 1 號店	086
大埔安邦路 9 號大埔超級城 E 區三樓 355A 號舖	255
大埔南運路 1-7 號富雅花園地下 4 號舖，10B-D 號舖	427
大埔墟大榮里 26 號地下	007
大圍火車站大堂 30 號舖	260
火炭禾寮坑路 2-16 號安盛工業大廈地下部份 B 地廠單位	276
沙田穗禾苑商場中心地下 G6 號	015
沙田乙明邨明耀樓地下 7-9 號	024
沙田新翠邨商場地下 6 號	035
沙田田心街 10-18 號雲疊花園地下 10A-C,19A	119
沙田小瀝源安平街 2 號利豐中心地下	211
沙田愉翠商場 1 樓 108 舖	221
沙田美田商場地下 1 號舖	310
沙田第一城中心 G1 號舖	233
馬鞍山耀安邨耀安商場店號 116	070
馬鞍山錦英苑商場中心低層地下 2 號	087
馬鞍山富安花園商場中心 22 號	048
馬鞍山頌安邨頌安商場 1 號舖	147
馬鞍山錦泰苑錦泰商場地下 2 號舖	179
馬鞍山烏溪沙火車站大堂 2 號舖	271
西貢海傍廣場金寶大廈地下 12 號舖	168
西貢西貢大廈地下 23 號舖	283
將軍澳翠琳購物中心店號 105	045
將軍澳欣明苑停車場大廈地下 1 號	076
將軍澳寶琳邨寶勤樓 110-2 號	055
將軍澳新都城中心三期都會豪庭商場 2 樓 209 號舖	280
將軍澳景林邨商場中心 6 號舖	502
將軍澳厚德邨商場 (西翼) 地下 G11 及 G12 號舖	352
將軍澳寶寧路 25 號富寧花園 商場地下 10 及 11A 號舖	418
將軍澳明德邨明德商場 19 號舖	145
將軍澳尚德邨尚德商場地下 8 號舖	159
將軍澳唐德街將軍澳中心地下 B04 號舖	223
將軍澳彩明商場擴展部份二樓 244 號舖	251
將軍澳景嶺路 8 號都會駅商場地下 16 號舖	345
將軍澳景嶺路 8 號都會駅商場 2 樓 039 及 040 號舖	346
大嶼山東涌健東路 1 號映灣園映灣坊地面 1 號舖	295
長洲新興街 107 號地下	326
長洲海傍街 34-5 號地下及閣樓	065

❶ 訂閱 兒童的科學 請在方格內打 ☑ 選擇訂閱版本

凡訂閱教材版 1 年 12 期，可選擇以下 1 份贈品：
□大偵探 太陽能＋動能蓄電電筒　或　□光學顯微鏡組合

訂閱選擇	原價	訂閱價	取書方法
□**普通版**（書 半年 6 期）	~~$210~~	$196	郵遞送書
□**普通版**（書 1 年 12 期）	~~$420~~	$370	郵遞送書
□**教材版**（書＋教材 半年 6 期）	~~$540~~	$488	Ⓚ OK便利店 或書報店取書 請參閱前頁的選擇表，填上取書店舖代號→
□**教材版**（書＋教材 半年 6 期）	~~$690~~	$600	郵遞送書
□**教材版**（書＋教材 1 年 12 期）	~~$1080~~	$899	Ⓚ OK便利店 或書報店取書 請參閱前頁的選擇表，填上取書店舖代號→
□**教材版**（書＋教材 1 年 12 期）	~~$1380~~	$1123	郵遞送書

❷ 訂閱 兒童的學習 請在方格內打 ☑ 選擇訂閱版本

凡訂閱 1 年 12 期，可選擇以下 1 份贈品：
□詩詞成語競奪卡　或　□大偵探福爾摩斯 偵探眼鏡

訂閱選擇	原價	訂閱價	取書方法
□**半年 6 期**	~~$228~~	$209	郵遞送書
□**1 年 12 期**	~~$456~~	$380	郵遞送書

❶＋❷合計金額 $ _____

訂戶資料

月刊只接受最新一期訂閱，請於出版日期前 20 日寄出。例如，
想由 1 月號開始訂閱 兒童的科學，請於 12 月 10 日前寄出表格，您便會於 1 月 1 至 5 日收到書本。
想由 1 月號開始訂閱 兒童的學習，請於 12 月 25 日前寄出表格，您便會於 1 月 15 至 20 日收到書本。

訂戶姓名：_____ 性別：_____ 年齡：_____ （手提）_____

電郵：_____

送貨地址：_____

您是否同意本公司使用您上述的個人資料，只限用作傳送本公司的書刊資料給您？

請在選項上打 ☑。　同意□ 不同意□ 簽署：_____ 日期：_____年_____月_____日

付款方法　請以 ☑ 選擇方法①、②、③或④

□① 附上劃線支票 HK$ _____（支票抬頭請寫：Rightman Publishing Limited）

　銀行名稱：_____ 支票號碼：_____

□② 將現金 HK$ _____ 存入 Rightman Publishing Limited 之匯豐銀行戶口（戶口號碼：168-114031-001）。
　現把銀行存款收據連同訂閱表格一併寄回或電郵至 info@rightman.net。

□③ 用「轉數快」（FPS）電子支付系統，將款項 HK$ _____ 轉數
　至 Rightman Publishing Limited 的手提電話號碼 63119350，現把轉數通知連同訂閱表格一併寄回、
　WhatsApp 至 63119350 或電郵至 info@rightman.net。

□④ 在香港匯豐銀行「PayMe」手機電子支付系統內選付款後，按右上角的條碼，掃瞄右面 Paycode，→
　並在訊息欄上填寫①姓名及②聯絡電話，再按付款便完成。
　付款成功後將交易資料的截圖連本訂閱表格一併寄回；或 WhatsApp 至 63119350；或電郵至
　info@rightman.net。

正文社出版有限公司
Scan me to PayMe

PayMe　HSBC

收貨日期　本公司收到貨款後，您將於以下日期收到貨品：

• 訂閱 兒童的科學：每月 1 日至 5 日　　• 訂閱 兒童的學習：每月 15 日至 20 日
• 選擇「Ⓚ OK便利店／書報店取書」訂閱 兒童的科學 的訂戶，會在訂閱手續完成後兩星期內
　收到換領券，憑券可於每月出版日期起計 14 天內，到選定的 Ⓚ OK便利店／書報店取書。
填妥上方的郵購表格，連同劃線支票、存款收據、轉數通知或「PayMe」交易資料的截圖，
寄回「柴灣祥利街 9 號祥利工業大廈 2 樓 A 室」匯識教育有限公司訂閱部收、WhatsApp 至
63119350 或電郵至 info@rightman.net。

訂閱雜誌

除了寄回表格，
也可網上訂閱！

兒童的科學 NO.188

請貼上 HK$2.0郵票
（只供香港讀者使用）

香港柴灣祥利街9號
祥利工業大廈2樓A室
兒童的科學編輯部收

有科學疑問或有意見、
想參加開心禮物屋，
請填妥問卷，寄給我們！

▼請沿虛線向內摺

請在空格內「✔」出你的選擇。

我購買的版本為：01□實踐教材版 02□普通版

給編輯部的話

我的科學疑難/我的天文問題：

開心禮物屋：我選擇的禮物編號 _____

有關今期內容

Q1：今期主題：「結晶化學大剖析」
03□非常喜歡 04□喜歡 05□一般 06□不喜歡 07□非常不喜歡

Q2：今期教材：「彩晶聖誕樹種植套裝」
08□非常喜歡 09□喜歡 10□一般 11□不喜歡 12□非常不喜歡

Q3：你覺得今期「彩晶聖誕樹種植套裝」的製作方法容易嗎？
13□很容易 14□容易 15□一般 16□困難
17□很困難（困難之處：_____） 18□沒有教材

Q4：你有做今期的勞作和實驗嗎？
19□翻轉四面體環 20□聖誕掛飾 21□加大版花環
22□實驗1：懸浮的雪條棍 23□實驗2：「向上爬」的雙圓錐

請沿實線剪下 ✂

請沿實線剪下 ✂

問 卷

讀者檔案

姓名：　　　　　　　　　　　男 / 女　年齡：　　　　班級：

就讀學校：

居住地址：

聯絡電話：

讀者意見

A 科學實踐專輯：彩晶樹植苗日
B 海豚哥哥自然教室：咕—咕—咕—咕—珠頸斑鳩
C 科學DIY：無限翻轉的四面體環
D 科學實驗室：頓牛的聖誕禮物
E 生活放大鏡：膠紙「面面」觀
F IQ挑戰站
G 大偵探福爾摩斯科學鬥智短篇：沙漠之舟（2）
H 誰改變了世界：炸藥專家——諾貝爾

I 曹博士信箱：為甚麼人對夢境的記憶特別短，特別容易忘記？
J 讀者天地
K 今期特稿：諾貝爾獎2020
L 天文教室：金星大氣 發現疑似生命跡象
M 數學研究室：高利貸之災（上）
N 科學Q&A：聖誕・地球滅亡？

＊請以英文代號回答Q5至Q7

Q5. 你最喜愛的專欄：
第1位 24_____ 第2位 25_____ 第3位 26_____

Q6. 你最不感興趣的專欄：27_____ 原因：28_____

Q7. 你最看不明白的專欄：29_____ 不明白之處：30_____

Q8. 你從何處購買今期《兒童的科學》？
31□訂閱　32□書店　33□報攤　34□便利店　35□網上書店
36□其他：_____

Q9. 你有瀏覽過我們網上書店的網頁www.rightman.net嗎？
37□有　38□沒有

Q10. 你預計在12月16日開始的香港書展購買甚麼書籍產品？（可選多於一項）
39□訂閱《兒童的科學》　40□訂閱《兒童的學習》　41□《兒童的科學》系列
42□《兒童的學習》系列　43□《大偵探福爾摩斯》系列　44□《大偵探福爾摩斯》精品
45□《小說名偵探柯南》系列　46□《少女神探 愛麗絲與企鵝》系列　47□《小說怪盜JOKER》系列
48□《科學大冒險》漫畫系列　49□《森巴STEM》漫畫系列　50□《森巴》英文版漫畫系列
51□其他兒童及青少年圖書　52□補充練習　53□文具及精品
54□其他（請註明）：_____　55□不會參觀書展（請註明原因）：_____